水污染治理及其
生态修复技术研究

李玉超　著

中国海洋大学出版社
·青岛·

图书在版编目(CIP)数据

水污染治理及其生态修复技术研究 / 李玉超著. —
青岛：中国海洋大学出版社，2019.5(2023.12重印)
ISBN 978-7-5670-2218-8

Ⅰ. ①水… Ⅱ. ①李… Ⅲ. ①水污染－生态恢复－研
究 Ⅳ. ①X52

中国版本图书馆 CIP 数据核字(2019)第 092683 号

水污染治理及其生态修复技术研究

出版发行	中国海洋大学出版社
社　　址	青岛市香港东路 23 号　邮政编码　266071
网　　址	http://pub.ouc.edu.cn
出 版 人	杨立敏
责任编辑	王　慧
订购电话	0532-82032573(传真)
印　　刷	北京虎彩文化传播有限公司
版　　次	2019 年 5 月第 1 版
印　　次	2023 年12月第 2 次印刷
成品尺寸	170 mm×240 mm
印　　张	17.75
字　　数	239 千
印　　数	1001—1500
定　　价	50.00 元

如发现印装质量问题，请致电 18600843040，由印刷厂负责调换。

前　言

　　水是地球上最重要、分布最广泛的物质之一,是人类社会赖以生存和发展的自然资源,是参与生命形成和生命活动、地表物质能量转化的重要因素。水体是江河湖海、地下水、冰川等的总称,是被水覆盖地段的自然综合体。水体不仅包括水,还包括水中存在的溶解物质、悬浮物和水生生物等。水环境是指自然界中水的形成、分布和转化所处空间的环境,是指围绕人群空间及可直接或间接影响人类生活和发展的水体,其正常功能的各种自然因素和有关的社会因素的总体。通常情况下,一个水环境就是一个完整的生态系统,包括其中的水、悬浮物、溶解物、底质和水生生物等。因此,水环境是构成环境的基本要素之一,是人类赖以生存和发展的重要场所,也是受人类干扰和破坏最严重的领域。

　　近年来,随着我国经济、社会的发展和城市化进程的不断推进,各种新的环境问题不断出现,各种生活及生产污染物、重金属等物质排入水体,导致水体物理、化学、生物特征的改变,从而造成水质恶化和水体污染,影响水的有效利用,同时对生态环境或人体健康造成危害。

　　按处理程度划分,污水处理技术通常可分为一级、二级和三级处理。一级处理主要用于去除污水中呈悬浮状态的固体污染物质,二级处理主要去除污水中呈胶体和溶解状态的有机污染物质,三级处理主要用于进一步去除难降解的有机物、氮和磷等能够导致水体富营养化的物质。三级处理技术主要包括生物脱氮除磷、混凝沉淀、活性炭吸附、离子交换和电渗析技术等。其中,生物处理技术因具有处理效果好、处理费用低、二次污染少等特点,在污水处理中的应用越来越广泛。

深度和超深度处理、低碳、资源回收和能源利用将是未来污水处理发展的方向,因此,一些污水生物处理新技术不断产生和发展。

对受污染的环境进行治理、修复和再生显得尤为重要。对于污染环境的治理问题,除传统的物理和化学方法以及逐渐成熟的生物方法外,人们也在极力探索解决问题的新方法和新途径,并试图让环境保护与社会发展相协调,由此,恢复生态学应运而生。退化的生态系统短期内要达到显著的修复成果是不容易的,因为生态系统对于修复的措施要进行消化,做出反应,得花时间。另外,大气污染的干湿沉降带来的非点源污染是无法短期内彻底消除的,只有每个国家、每个流域、每个产业、每个人都认识到环保的重要性,采取节能、节材的生产方式,进行水土保护,不乱砍滥伐,不随意排污,才有可能保持整个生态修复的良性发展,最终达到生态修复的目的。因此,"生态保护与修复不是一个人或一个部门或一个国家的挑战,而是全世界共同的挑战"。

全书共八章,主要内容包括水污染及其处理基本知识、污水的物理处理技术、污水的生物处理技术、污水生物脱氮除磷技术、自然生物净化技术、污泥处理技术、污水回用技术和水生态保护与修复技术。

由于时间仓促,笔者水平有限,本书难免存在疏漏之处,恳请广大读者批评指正,不吝赐教。

笔　者

2018 年 12 月

目　录

第 1 章　水污染及其处理基本知识

水污染是由于某些有害化学物质的混入,或者由于温度的升高而造成水的使用价值降低或丧失而造成的环境污染。污水是指受到一定污染的来自生活和生产的排出水。污水处理是采用各种必要的技术和手段,将污水中的污染物质分离出去,使水质得到净化。

1.1　水体水质状况

我国环境保护部《2015 年中国环境状况公报》通报了全国地表水、湖泊水库、地下水、近岸海域以及几个重要海湾的水质状况。

地表水主要包括长江、黄河、珠江、松花江、淮河、海河、辽河七大流域和浙闽带河流、西北诸河和西南诸河。地表水水源地主要超标指标为总磷、锰和铁,2015 年地表水水质类别比例如图 1-1 所示。

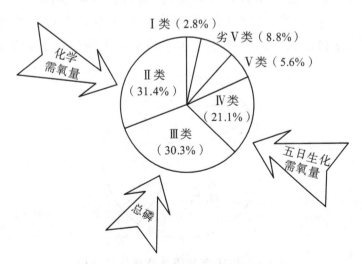

图 1-1　2015 年地表水水质类别比例

全国地表水Ⅰ类水质断面比例 2015 年比 2014 年同比下降 0.6％,2015 年是新环保法实施第一年,全国地表水达到或好于Ⅲ类水质的断面比例为 64.5％,比 2010 年提高了 14.6％,劣Ⅴ类水质比例下降 6.8％,近八成劣Ⅴ类水体集中于淮河流域、海河流域、辽河流域、黄河流域。总体上,水质稳中趋好,良好水体保护形势严峻。

全国 61 个重点湖泊(水库)主要污染指标为总磷、化学需氧量和高锰酸盐指数。2015 年湖泊(水库)水质类别比例如图 1-2 所示。

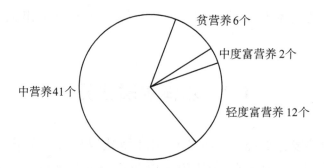

图 1-2　2015 年湖泊(水库)水质类别比例

地下水超标指标为总硬度、溶解性总固体、铁、锰、"三氮"(亚硝酸盐氮、硝酸盐氮和氨氮)、氟化物、硫酸盐等,个别监测点有砷、铅、六价铬、镉等重(类)金属超标现象。地下水水源地主要超标指标为铁、锰和氨氮。2015 年地下水水质类别比例如图 1-3 所示。

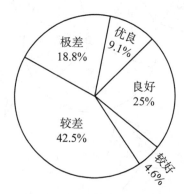

图 1-3　2015 年地下水水质类别比例

近岸海域主要污染指标为无机氮和活性磷酸盐,2015 年近岸海域水质类别比例如图 1-4 所示。

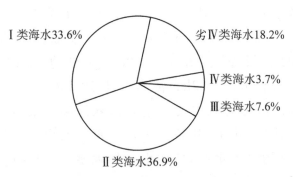

图 1-4　2015 年近岸海域水质类别比例

2015 年重要海湾水质类别比例如图 1-5 所示。

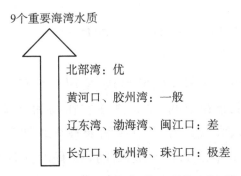

图 1-5　2015 年重要海湾水质类别比例

1.2　水污染及其危害

1.2.1　固体污染物及其危害

固体污染物指人类活动所产生的各种固体废弃物,如工业生产和矿山开采过程的各种废弃物、城市的生活垃圾、农作物的秸秆、家畜的粪便以及船舶有意投弃的固体废弃物,如碎木片、空瓶、旧鞋、废旧轮胎、废矿渣、破旧汽车等。除了上述的工业生产和矿山开采过程中的废弃物、农作物的秸秆等之外,其中最引人注目的是城市的生活垃圾。有人做过统计,在发达国家平均每人每天产生 1～2kg 垃圾。如 1969 年几个重要的西方城市每人每天产生的垃圾量为:东京,0.986kg;纽约,2.122kg;巴黎,1.022kg;蒙特利尔,1.729kg;洛杉矶,1.196kg。

水中固体污染物质主要是指固体悬浮物。水力冲灰、洗煤、冶金、屠宰、化肥、化工、建筑等工业废水中都含有悬浮状的污染物,大量悬浮物排入水中,造成水的外观恶化、混浊度升高、颜色改变。悬浮物沉于河底淤积河道,危害水体底栖生物的繁殖,影响渔业生产;沉积于灌溉的农田,则会堵塞土壤孔隙,影响通风,不利于作物生长。

1.2.2 有机污染物及其危害

农药的使用大多采用喷洒形式,使用中约有 50% 的滴滴涕以微小雾滴形式散布在空间,就是洒在农作物和土壤中的滴滴涕也会再度挥发进入大气。在空中滴滴涕被尘埃吸附,能长期飘荡,平均时间长达 4 年之久。在这期间,带有滴滴涕的尘埃逐渐沉降,或随雨水一起降到地表和海面。据有关学者测定,在每平方千米的面积上,每年有 20g 滴滴涕沉降下来。这样,一年沉降在世界海洋表面上的总量就达到 2.4×10^4t,有人估计,以往各国生产的 2.8×10^6t 滴滴涕,已经有 1/4 约 7×10^5t 到达海面了。也有人估计,通过大气进入海洋的滴滴涕约占生产量的 5%～6%,通过河流进入海洋的滴滴涕约占生产量的 3%。

海洋中的多氯联苯主要是由于人们任意投弃含多氯联苯的废物带进去的。同时,在焚烧废弃物过程中,多氯联苯经过大气搬运入海也不可忽视,仅在日本近海,多氯联苯的累积量已经超过了 1 万吨。

由于滴滴涕这一类氯代烃主要是通过大气传播的,因此目前地球上任何角落都有滴滴涕存在。据有关资料报道,1966 年人们在南极发现的企鹅蛋中,每千克含滴滴涕 0.1～1mg,企鹅体内也检查出有滴滴涕和多氯联苯。在北极圈附近生存的北极熊和海豹,体内也发现多氯联苯。

1.2.3　油类污染物及其危害

油类污染物主要来自含油废水。水体含油达 0.01mg/L 即可使鱼肉带有特殊气味而不能食用。含油稍多时,在水面上形成油膜,使大气与水面隔离,破坏正常的充氧条件,导致水体缺氧,同时油在微生物作用下的降解也需要消耗氧,造成水体缺氧。油膜还能附在鱼鳃上,使鱼呼吸困难,甚至窒息死亡。当鱼类产卵期,在含油废水的水域中孵化的鱼苗,多数产生畸形,生命力低弱,易于死亡。含油废水对植物也有影响,妨碍光合作用和通气作用,使水稻、蔬菜减产。含油废水进入海洋后,造成的危害也是不言而喻的。

1.2.4　重金属污染物及其危害

水的重金属污染主要由工业生产中产生的含有重金属的废水排入江河湖海造成,这些工业包括纺织、电镀、化工、化肥、农药、矿山等。重金属在水体中一般不被微生物分解,只能发生生态之间的相互转化、分解和富集,重金属在水中通常呈化合物形式,也可以以离子状态存在,但重金属的化合物在水体中溶解度很小,往往沉于水底。由于重金属离子带正电,因此在水中很容易被带负电的胶体颗粒所吸附。吸附重金属的胶体随水流向下游移动。但多数很快沉降。由于这些原因,大大限制了重金属在水中的扩散,使重金属主要集中于排污口下游一定范围内的底泥中。沉积于底泥中的重金属是个长期的次生污染源,而且难治理。每年汛期,河川流量加大和对河床冲刷增加时,底泥中的重金属随泥一起流入径流。

重金属排入海洋的情况和数量，各不相同，如汞主要来自工业废水和汞制剂农药的流失以及含汞废气的沉降。汞每年排入海洋约有 1×10^4 t。铅在太平洋沿岸表层水中浓度与 30 年前相比增加了 10 倍以上，每年排入海洋的铅约有 1×10^4 t。近年来镉对海洋的污染范围日益增大，特别在河口及海湾更为严重。近年有的国家发现在 100 海里之外的海域也受到镉的影响。铜的污染是通过煤的燃烧而排入海洋。每年，全世界锌通过河流排入海洋高达 3.03×10^6 t。目前，在海洋中砷的污染虽然较小，但在污染区附近污染程度十分严重，这是由于海洋生物一般对砷具有较强的富集力，砷的污染对人类的危害也较大。铬的毒性与砷相似，海洋中铬主要来自工业污染。在制铬工业中，如果日处理 10t 原料，那么每年排入海洋的铬约有 $73 \sim 91$ t。

重金属污染的危害中，汞对鱼、贝危害很大，它不仅随污染了的浮游生物一起被鱼、贝摄食，还可以吸附在鱼鳃和贝的吸水管上，甚至可以渗透鱼的表皮直到体内，使鱼的皮肤、鳃盖和神经系统受损，造成游动迟缓、形态憔悴。汞能影响海洋植物光合作用，当水中汞的浓度较高时，就会造成海洋生物死亡。汞对人体危害更大，尤其是甲基汞，一旦进入人体，肝、肾就会受损，最终导致死亡。镉一旦进入人体后很难排出，当浓度较低时，人会倦怠乏力、头痛头晕，随后会引起肺气肿、肾功能衰退及肝脏损伤，而当铅进入血液后，浓度达到 $80 \mu g/mL$ 时，人就会中毒。铅是一种潜在的泌尿系统的致癌物质，危害人体健康。海洋中铜、锌的污染会造成渔场荒废，如果污染严重，就会导致鱼类呼吸困难，最终死亡。

1.2.5 有毒污染物及其危害

废水中有毒污染物主要有无机化学毒物、有机化学毒物和放射性物质。

无机化学毒物主要指重金属及其化合物。很多重金属对生物有显著毒性,并且能被生物吸收后通过食物链浓缩千万倍,最终进入人体造成慢性中毒或严重疾病。如著名的日本水俣病就是由于甲基汞破坏了人的神经系统而引起的;骨痛病则是镉中毒造成骨骼中钙减少的结果,这两种疾病都会导致人的死亡。

　　有机化学毒物主要指酚、硝基物、有机农药、多氯联苯、多环芳香烃、合成洗涤剂等,这些物质都具有较强的毒性。它们难以降解,其共同的特点是能在水中长期稳定地留存,并通过食物链富集最后进入人体。如多氯联苯具有亲脂性,易溶解于脂肪和油中,具有致癌和致突变的作用,对人类的健康构成了极大的威胁。

　　海洋中的放射性核素,有天然放射性核素和人工放射性核素,前者存在于自然界,后者是人类活动造成的。放射性污染物种类繁多,其中较危险的有锶 90 和铯 137 等,这些核污染物半衰期长达 30 年左右,因此可以利用它们来跟踪环境中放射性物质。由于大部分试验都是在北半球进行的,因此北半球放射性物质的降落比南半球高得多。1963 年地球表面放射性物质的降落达到最高峰,这是由于美、苏两国进行大量核试验造成的。放射性物质释放的射线会使人的健康受损,最常见的放射病就是血癌,即白血病。

1.2.6　生物污染物及其危害

　　生物污染物是指废水中含有的致病性微生物。污水和废水中含有多种微生物,大部分是无害的,但其中也含有对人体与牲畜有害的病原体。如制革厂废水中常含有炭疽杆菌,医院污水中有病原菌、病毒等。生活污水中含有引起肠道疾病的细菌、肝炎病毒、SARS 冠状病毒和寄生虫卵等。

1.2.7　营养物质污染物及其危害

　　有机物污染主要来自食品、化肥、造纸、化纤等工业的废水以及城市的生活用水。海洋中有机污染物除了小部分由航行船只排入的生活污水之外,绝大部分由沿岸、江河带入海洋,污染源都在沿岸。如黄渤海沿岸有食品厂、酒厂、屠宰厂、粮食加工厂等约110家,每年排出富含营养有机物的废水达400多万吨,沿岸城镇人口每年排出生活污水有 3.6×10^9 t,仅上海市每个排污口排入东海的生活污水达 4.5×10^5 t。此外,农业上使用的粪肥和化学肥料很容易被雨水冲刷流失,最终也归入海洋,如每年北方沿海各县化肥使用量高达70多万吨,若有 20%～40% 排入海洋,则也有 1×10^5～3×10^5 t。在这些污水中有机物含量很高,给水域带来大量氮、磷等营养盐。适当的营养盐将增加水域的肥沃度,给渔业资源创造有利条件,但如果营养盐过量,则水域富营养化或产生缺氧,将危害渔业。

海水富营养化会造成缺氧,使鱼贝死亡;助长病毒繁殖,毒害海洋生物,并直接传染人体;影响海洋环境,造成赤潮危害等,海域一旦形成赤潮后,就会造成水体缺氧,赤潮生物死亡后,又会消耗水中溶解氧,加剧海水缺氧程度,甚至造成海水无氧状态,导致海洋生物大量死亡。同时赤潮生物体内含有毒素,经微生物分解或排出体外,能毒死鱼虾贝等生物。赤潮还会破坏渔场结构,致使形不成鱼汛,影响渔业生产。人类如果吃了带有赤潮毒素的海产品,会中毒,甚至死亡。

1.2.8　热废水污染及其危害

热废水来源于工业排放的废水,其中尤以电力工业为主,其次有冶金、石油、造纸、化工和机械工业等。一般以煤或石油为燃料的热电厂,只有1/3的热量转化为电能,其余的则排入大气或被冷却水带走。原子发电厂几乎全部的废热都进入冷却水,约占总热量的3/4。每生产 1kW·h 的电量大约排出 1200Cal(Cal 为废止单位,1Cal=4.186J)的热量。1980 年仅美国发电排出的废热,每天就有 2.5×10^8 Cal,足以把 3.2×10^7 m³ 的水升温 5.5℃。原子能发电站的发电能力一般为 $2\times10^6\sim4\times10^6\,kW$，以 $2\times10^6\,kW$ 的核电站计算，每天排出的废热可使 $1.1\times10^7\,m^3$ 的水温升高 $5℃$，而一座 $3\times10^5\,kW$ 的常规发电站每小时要排出 $6.1\times10^5\,m^3$ 的水量，水温要比抽取时平均高出 $9℃$。

热废水对环境的危害主要是：导致水域缺氧，影响水生生物正常生存；原有的生态平衡被破坏，海洋生物的生理机能遭受损害；使渔场环境变化，影响渔业生产等。

1.3　水污染物造成的损失

水体污染造成的损失包括以下方面。

①优质水源更加短缺，供需矛盾日益紧张。

②水体污染造成人们的死亡率及疾病增加，比如中毒、癌症、免疫力下降等。

③对渔业造成损害，迫使渔业资源减少甚至物种灭亡。

④污废水浇灌农田或储存于池塘、低洼地带造成土壤污染，严重地影响地下水。

⑤破坏环境卫生，影响旅游，加速生态环境的退化和破坏。

⑥加大供水和净水设施的负荷及营运费用，使水处理成本提高。

⑦工业水质下降，生产产品质量下降，造成工业损失巨大。

水污染对人体健康、农业生产、渔业生产、工业生产以及生态环境的负面影响，都会表现为经济损失。例如，人体健康受到危害将减少劳动力，降低生产效率，疾病多发需要支付医药费；对工农业、渔业产量和质量的影响更是直接的经济损失；对生态环境的破坏意味着对环境治理和环境修复费用将大幅提高。

世界银行曾对中国水污染所造成的损失作了估算，其结论是对人体健康的影响相当于经济损失约 40 亿美元（约 300 亿元人民币），水污染造成环境污染、生态破坏和其他公害，后果十分惊人，其直接损失一般占国民生产总值的 1.5% 左右。

1.4　污水处理的基本方法分类

1.4.1　物理处理法

重力分离法指利用污水中泥沙、悬浮固体和油类等在重力作用下与水分离的特性,经过自然沉降,将污水中密度较大的悬浮物除去。离心分离法是在机械高速旋转的离心作用下,把不同质量的悬浮物或乳化油通过不同出口分别引流出来,进行回收。过滤法是用石英砂、筛网、尼龙布、隔栅等作过滤介质,对悬浮物进行截留。蒸发结晶法是加热使污水中的水汽化,固体物得到浓缩结晶。磁力分离法是利用磁场力的作用,快速除去废水中难以分离的细小悬浮物和胶体,如油、重金属离子、藻类、细菌、病毒等污染物质。

1.4.2　化学处理法

化学处理法就是通过化学反应和传质作用来分离、去除废水中呈溶解、胶体状态的污染物或将其转化为无害物质的废水处理法。通常采用方法有:中和、化学沉淀、氧化还原、电解、电渗析法和超滤法等方法。

1.4.2.1　中和

用化学方法去除污水中的酸或碱,使污水的 pH 达到中性的过程称中和。

当接纳污水的水体、管道、构筑物对污水的 pH 有要求时,应对污水采取中和处理。对酸性污水可采用与碱性污水相互中和、投药中和、过滤中和等方法。中和剂有石灰、石灰石、白云石、苏打、苛性钠等。对碱性污水可采用与酸性污水相互中和、加酸中和和烟道气中和等方法,使用的酸常为盐酸和硫酸。

酸性污水中含酸量超过 4% 时,应首先考虑回收和综合利用;低于 4% 时,可采用中和处理。

碱性污水中含碱量超过 2% 时,应首先考虑综合利用;低于 2% 时,可采用中和处理。

1.4.2.2 化学沉淀

加入化学药剂,使污水中的一部分可溶物与之反应,变成不溶物而沉淀下来,得以与水分离。从化学反应来看属于氧化还原反应,但不是使用强氧化剂或还原剂,而是以沉淀物的形式与水分离,故称化学沉淀法。

对含有重金属的污水,加入石灰可以生成重金属的氢氧化物沉淀物或钙盐沉淀;如果加入硫化剂,可以生成重金属硫化物沉淀。比如能与 H_2S 反应发生沉淀的金属有铜、银、汞、铅、镉、砷、金、铂、锑、钼、锌、钴、镍、铁等。

1.4.2.3 氧化还原

污水中的有毒、有害物质在氧化还原反应中被氧化或还原为无毒、无害的物质,这种方法称氧化还原法。

常用的氧化剂有空气中的氧、纯氧、臭氧、氯气、漂白粉、次氯酸钠、三氯化铁等,可以用来处理焦化污水、有机污水和医院污水等。

常用的还原剂有硫酸亚铁、亚硫酸盐、氯化亚铁、铁屑、锌粉、二氧化硫等。如含有六价铬(Cr^{6+})的污水,当通入 SO_2 后,可使污水中的六价铬还原为三价铬。

1.4.2.4 电解

电解法的基本原理就是电解质溶液在电流作用下,发生电化学反应的过程。阴极放出电子,使污水中某些阳离子因得到电子而被还原（阴极起到还原剂的作用）；阳极得到电子，使污水中某些阴离子因失去电子而被氧化（阳极起到氧化剂作用）。因此，污水中的有毒、有害物质在电极表面沉淀下来，或生成气体从水中逸出，从而降低了污水中有毒、有害物质的浓度，此法称电解法，多用于含氰污水的处理和从污水中回收重金属等。

1.4.2.5　电渗析法

电渗析法是对溶解态污染物的化学分离技术，属于膜分离法技术，是指在直流电场作用下，使溶液中的离子作定向迁移，并使其截留置换的方法。离子交换膜起到离子选择透过和截阻作用，从而使离子分离和浓缩，起到净化水的作用。电渗析法处理废水的特点是不需要消耗化学药品，设备简单，操作方便。

1.4.2.6　超滤法

超滤法属于膜分离法技术，是指利用静压差，使原料液中溶剂和溶质粒子从高压的料液侧透过超滤膜到低压侧，并阻截大分子溶质粒子的技术。在废水处理中，超滤技术可以用来去除废水中的淀粉、蛋白质、树胶、油漆等有机物和黏土、微生物，还可用于污泥脱水等。

1.4.3　物理化学处理法

1.4.3.1　混凝

混凝是水处理的一个十分重要的方法。向水中投加混凝剂，以破坏水中胶体颗粒的稳定状态，在一定的水力条件下，通过胶粒间以及其他微粒间的相互碰撞和聚集，从而形成易于从水中分离的絮状物质的过程称混凝。

混凝过程可去除水中的浊度、色度、某些无机或有机污染物，如油、硫、砷、镉、表面活性物质、放射性物质、浮游生物和藻类等。

混凝剂种类很多,有无机盐类、高分子絮凝剂以及助凝剂等。一般情况下,应进行被处理水的混凝剂选择试验,来确定混凝剂的种类、投加数量和投加方式,或参照类似被处理水条件下的运行经验来确定。

混凝法可用于各种工业污水的预处理、中间处理或最终处理。

1.4.3.2　吸附法

常见的吸附剂有活性炭、树脂吸附剂(吸附树脂)、腐殖酸类吸附剂。吸附工艺的操作方式有静态间歇吸附和动态连续吸附两种。在污水处理中,物理吸附和化学吸附是相伴发生的综合作用的结果,主要用来处理有机废水、含酚污水,或用于污水的深度处理。

1.4.3.3　膜分离法

利用透膜使溶剂(水)同溶质或微粒(污水中的污染物)分离的方法称为膜分离法。其中,使溶质通过透膜的方法称为渗析;使溶剂通过透膜的方法称渗透。

膜分离法依溶质或溶剂透过膜的推力不同,可分为以下三类:

①以电动势为推动力的方法,称电渗析或电渗透。

②以浓度差为推动力的方法,称扩散渗析或自然渗透。

③以压力差(超过渗透压)为推动力的方法有反渗透、超滤、微孔过滤等。

在污水处理中,应用较多的是电渗析、反渗透和超滤。

1.4.3.4　萃取

利用某种溶剂对不同物质具有不同溶解度的性质,使混合物中的可溶组分,得到完全或部分分离的过程,称为溶剂萃取。这里要特别指出:所选的溶剂(萃取剂)必须与被处理的液体(如污水)不相溶,而对被萃取的物质具有明显的溶解能力。常用的萃取剂有重苯、二甲苯、粗苯等。萃取设备有隔板塔、填料塔、筛板塔、振动塔等,可视具体情况选择。

1.4.3.5　离子交换

通过树脂进行离子交换,使污水中的有害物质进入树脂而被除去的方法称离子交换法,常用于处理含重金属污水和电镀污水。

1.4.4　生物处理法

1.4.4.1　活性污泥法

活性污泥是以废水中有机污染物为培养基,在充氧曝气条件下,对各种微生物群体进行混合连续培养而成的,细菌、真菌、原生动物、后生动物等微生物及金属氢氧化物占主体的,具有凝聚、吸附、氧化、分解废水中有机污物性能的污泥状褐色絮凝物。活性污泥中至少有50种菌类,它们是净化功能的主体。污水中的溶解性有机物是透过细胞膜而被细菌吸收的;固体和胶体状态的有机物是先由细菌分泌的酶分解为可溶性物质,再渗入细胞而被细菌利用的。活性污泥的净化过程就是污水中的有机物质通过微生物群体的代谢作用,被分解氧化和合成新细胞的过程。人们可根据需要培养和驯化出含有不同微生物群体并具有适宜浓度的活性污泥,用于净化受不同污染物污染的水体。

1.4.4.2　生物塘法

生物塘法,又称氧化塘法,也叫稳定塘法,是一种利用水塘中的微生物和藻类对污水和有机废水进行生物处理的方法。污水中的碳主要以溶解性有机碳形式进入稳定塘,无光照射时,死亡细菌、藻类沉入塘底,在厌氧作用下,分解成溶解性有机碳和无机碳。塘中不溶性有机碳在塘底厌氧条件下分解,进而转化为溶解性有机碳和无机碳。

污水中的氮主要分为有机氮化合物和氨氮两种形态。污水中的氮进入稳定塘后,首先有机氮化合物在微生物作用下分解为氨态氮。氨态氮在硝化细菌作用下,转化为硝酸盐氮。硝态氮在反硝化菌作用下,还原为分子态氮。在 pH 较高、水力停留时间较长、温度较高条件下,水中氨态氮以 NH_3 形式存在,可向大气挥发。氨态氮或硝态氮可作为微生物及各种水生植物的营养,合成其本身机体,死亡的细菌和藻类经解体后形成溶解性有机氮和沉淀物。沉淀在厌氧区的有机氮在厌氧细菌作用下,也可分解。

1.4.4.3　厌氧生物处理法

厌氧生物处理法是在无分子氧条件下,通过厌氧微生物(包括兼氧微生物)的作用,将污水中的各种复杂有机物分解转化为甲烷和二氧化碳等物质的过程,也称为厌氧消化。

利用厌氧生物法处理污泥、高浓度有机污水等产生的沼气可获得生物能,如生产 1t 酒精要排出约 $14m^3$ 槽液,每立方米槽液可产生沼气 $18m^3$,则每生产 1t 酒精排出的槽液可产生约 $250m^3$ 沼气,其发热量相当于约 250kg 标准煤,并提高了污泥的脱水性,有利于污泥的运输、利用和处置。

1.4.4.4　生物膜法

生物膜处理法的实质是使细菌和真菌一类的微生物和原生动物、后生动物一类的微型动物于生物滤料或者其他载体上吸附,并在其上形成膜状生物污泥,将废水中的有机污染物作为营养物质,从而实现净化废水。生物膜法具有以下特点:对水量、水质、水温变动适应性强;处理效果好并具良好硝化功能;污泥量小(约为活性污泥法的 3/4)且易于固液分离;动力费用省。

1.4.4.5　接触氧化法

接触氧化法是一种兼有活性污泥法和生物膜法特点的一种

新的废水生化处理法。这种方法的主要设备是生物接触氧化滤池。在不透气的曝气池中装有焦炭、砾石、塑料蜂窝等填料,填料被水浸没,用鼓风机在填料底部曝气充氧。空气能自下而上,夹带待处理的废水,自由通过滤料部分到达地面,空气逸走后,废水则在滤料间格自上向下返回池底。活性污泥附在填料表面,不随水流动,因生物膜直接受到上升气流的强烈搅动,不断更新,从而提高了净化效果。生物接触氧化法具有处理时间短、体积小、净化效果好、出水水质好而稳定、污泥不需回流也不膨胀、耗电小等优点。

1.5 污废水处理技术发展

1.5.1 新型低能耗一体化 MBR 工程结构技术

新型低能耗一体化膜生物反应器(membrane bio-reactor, MBR)工程结构技术,结合了以三池合一为核心的工程结构技术、以新型无机—有机复合膜为核心的成套装备技术、以高度智能化为特点的远程控制技术等。据此研发的小型污水处理成套设备,未来可以在农村畜禽养殖场、旅游景点、高速公路服务区、海岛等需要小型污水处理设施的地方广泛应用。此项技术与现有污水处理技术相比,具有能耗低、占地小、出水水质优良稳定、自动化程度高、可远程控制管理、工程造价低等优点,便于在城镇和农村推广,市场应用前景广阔。

1.5.2 价格低廉低能耗海水淡化技术

2015 年 9 月,来自埃及亚历山大大学的研究人员公布了一种新型低成本的海水淡化膜技术,膜材料价格低廉,同时可以实现低能耗。该技术采用了渗透蒸发(又称渗透汽化,是有相变的膜渗透过程)的技术原理,研究人员开发出醋酸纤维素膜与其他组件相结合,并使用外部热源将膜透过组分汽化,从而达到过滤粒子和盐分的目的。该技术不仅能淡化海水,也能去除海水中的污物。这个技术目前在埃及、中东和北非大多数国家中使用,能够有效地淡化高浓度盐水,比如红海的水。然而,在把该技术投入实践之前,还是需要做大量工作的:首先该项目的学术研究工作必须先进行小规模初步试验,以证明该理论在大范围中可行;其次,如何处理过程中生成的废物也是一个问题。

1.5.3　好氧新技术

自 2012 年开始,北京排水集团开始跟踪 UTM 超高温生物干化技术,从中试到实际工程应用历经两年。在顺义污泥再生利用项目就采用了 UTM 超高温生物干化工艺,这一工艺的核心菌种是北京绿源科创环境技术有限公司的专利菌种高能嗜热菌。这一菌种可有效打开污泥中的有机分子链,使污泥中的水分迅速挥发,污泥的含水率可降低到 35% 以下。相较于传统好氧发酵技术,该技术可使发酵温度低、发酵周期长、病原体和虫卵不能彻底杀灭的问题得到妥善解决,能实现污泥的无害化和稳定化处理。这一技术被列入科技部的"火炬计划",被认为是"对传统好氧发酵工艺的创新",使污泥稳定化、无害化后进行土地利用变为现实。

1.5.4　光催化技术

科研人员将金属酞菁(MPc)与二氧化钛复合制备出一种新型光催化材料,能有效拓宽二氧化钛吸收光的波长范围,提高二氧化钛的光催化效率。该研究为光催化污水处理技术升级提供了新思路。

使用太阳能源的光催化能够产生活性很高的氧化活性物种,

充分氧化有机污染物,是一种有效的降解方法,且成本很低。但光降解的材料大多利用紫外线进行作用,所以可见光到达地面时只有5%的利用率。重庆文理学院学生团队研制出"一种用于光催化氧化技术处理污水的系统",已申请国家专利。他们找到一种利用可见光发生作用、适合重庆的光降解材料:将氯氧铋+硫化镉混合制成的材料,对可见光有反应,并对毒性较大的酚类、苯等有机物质能起到非常好的降解作用。

1.5.5 再生粉末活性炭污水处理技术

粉末活性炭处理污水不是新技术,但要大规模应用,首先必须降低污水中的悬浮物,还要解决过水量小的问题。而核心和难点是如何降低使用成本。在通行的粉末活性炭过滤罐的基础上,设计了一种适应粉末活性炭的全新的连续式粉末活性炭过滤罐,粉末活性炭滤芯在罐中布局巧妙。这种过滤罐可以不间断地长时间连续工作,一个过滤罐24h过滤1万吨"劣Ⅴ类"污水。

1.5.6 "可饮用书"

"可饮用书"是由弗吉尼亚大学和卡内基梅隆大学的科学家们合作研发的一款集书本和过滤器于一身的工具。它的书页上含有纳米银离子,水中的细菌等有害物质在渗过纸页时会被纸页中的银离子与铜离子吸附。一张过滤书页可以净化100L的水源。一本"可饮用书"就可以满足一个人4年的用水所需。在测试过滤了南非、加纳和孟加拉共和国的25处被污染水源后,该书被证实可以成功过滤掉污水中99%的细菌。研究者们称,过滤后的水源与美国标准自来水水质相近,有微量的银离子和铜离子在过滤中进入水中,但都符合标准。

1.5.7　新一代电吸附技术助化工废水零排放

2015 年 6 月 10 日～12 日,在上海国际水展上,全新概念"E＋零排放"技术引起极大关注与轰动。"E＋零排放"系列工艺技术是以当代先进的电极材料为核心,集成目前市场上成熟的膜处理技术、生化处理技术、蒸发技术等,形成"1＋N 污废水处理技术系统",其工艺特点是专长高硬高盐水的处理,具有无须软化除硬、处理过程简练、制水成本低廉、无二次污染、适用范围广等优点。其最大亮点之一是较传统工艺大大降低了"零排放"成本。若采用传统的 RO＋MVR 技术,要实现"零排放",每吨水处理成本高达 9.49 元,而"E＋零排放"工艺将每吨水处理成本降低到 3.62 元,较传统工艺下降 60％以上。对于高耗水企业来说,实施废水"零排放"的可行性大大增加。

1.5.8　绿色高分子缓冲体系

上海科研人员研发出一种可以循环使用的、易分离的聚合物支载的 pH 缓冲体系。他们提出一种固相缓冲剂的概念,并设计了一种高分子支载的共轭酸碱对,它完全不溶于水或者有机溶剂,通过离子交换机制来控制溶液的 pH。这种缓冲体系的后处理非常简便,仅仅运用过滤操作,就可以把高分子支载的缓冲剂完全从溶液中分离出来,而且这种高分子 pH 缓冲剂可以不经处理而连续循环使用。

第 2 章　污水的物理处理技术

物理分离法是指利用污水中泥沙、固体悬浮物和油脂类等在重力作用与水分离的特性,经过自然沉降,将污水中密度较大的悬浮物除去。

2.1　物理处理概述

所有利用物理方法来改变污水成分的方法都可称为物理处理过程。物理处理的特点是仅仅使得污染物和水发生分离,但是污染物的化学性质并没有发生改变。常用的过程有水量与水质的调节(包括混合)、隔滤、离心分离、沉降、气浮等。这些操作过程主要应用列于表 2-1。目前物理处理过程已成为大多数废水和污水处理流程的基础,它们在废水处理系统中的位置可用图 2-1 表示。

表 2-1　废水处理中的物理处理过程

过程	应用
水量和水质的调节(包括混合)	使水质和水量的负荷更加均匀化,对后处理有利
隔滤和离心分离	利用拦截的方法和固体污染物在离心时所受离心力的大小,使可沉淀和悬浮的固体物质去除。用于化学、物理化学、生物等处理过程前和能产生沉淀的处理过程后
沉降	利用重力作用去除可沉淀固体,并使生物污泥浓缩
气浮	去除高度分散的悬浮固体或油滴,对于密度与水接近的颗粒分离更加有效

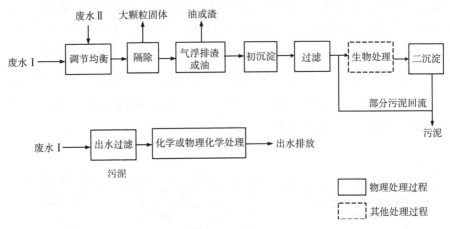

图 2-1　物理处理过程在废水处理系统中的位置

2.2　沉淀池

2.2.1　沉淀池的类型

按照水在池内的总体流向,沉淀池可分为平流式、竖流式和辐流式三种形式,如图 2-2 所示。图 2-2 中的箭头表示水流的方向。平流式沉淀池,污水从池一端流入,按水平方向在池内流动,从另一端溢出,池体呈长方形,在进口处的底部设储泥斗。辐流式沉淀池表面呈圆形,污水从池中心进入,澄清水从池周溢出,在池内污水也呈水平方向流动,但流速是变化的。竖流式沉淀池表面多为圆形,但也有呈方形或多角形的,污水从池中央下部进入,由下向上流动,澄清污水由池面和池边溢出。

所有类型的沉淀池都包括入流区、沉降区、出流区、污泥区和缓冲区五个功能区,如图 2-2 所示。进水处为入流区,池子主体部分为沉降区,出水处为出流区,池子下部为污泥区,污泥区与沉降区交界处为缓冲区。入流区和出流区的作用是进行配水和集水,使水流均匀地分布在各个过流断面上，提高容积利用系数以及为固体颗粒的沉降提供尽可能稳定的水力条件。沉降区是可沉颗粒与水分离的区域。污泥区是泥渣储存、浓缩和排放的区域。缓冲区是分隔沉降区和污泥区的水层，防止泥渣受水流冲刷而重新浮起。以上各部分相互联系，构成一个有机整体，以达到设计要求的处理能力和沉降效率。

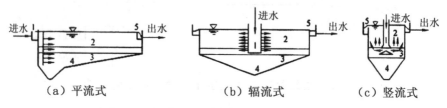

（a）平流式　　　　（b）辐流式　　　　（c）竖流式

1—入流区；2—沉降区；3—缓冲区；4—污泥区；5—出流区。

图 2-2　沉淀池的类型示意图

2.2.2　平流沉淀池

在平流沉淀池内，水是沿水平方向流过沉降区并完成沉降过程的，如图 2-3 所示。废水由进水槽经淹没孔口进入池内。在孔口后面设有挡流板或穿孔整流墙，用来消能稳流，使进水沿过流断面均匀分布。在沉淀池末端设有溢流堰（或淹没孔口）和集水槽，澄清水溢过堰口，经集水槽排出。在溢流堰前也设有挡板，用以阻隔浮渣，浮渣通过可转动的排渣管收集和排除。池体下部靠近进水端有泥斗，斗壁倾角为 $50°\sim60°$，池底以 $0.01\sim0.02$ 的坡度坡向泥斗。泥斗内设有排泥管，开启排泥阀时，泥渣便在静水压力作用下由排泥管排出池外。

平流式沉淀池的流入装置常用潜孔，在潜孔后垂直水流方向设有挡板，其作用一方面是消除入流废水的能量；另一方面也可使入流废水在池内均匀分布。入流处的挡板一般高出池水水面 $0.1\sim0.5$m，挡板的浸没深度在水面下应不小于 0.25m，并距进水口 $0.5\sim1.0$m。出流区设有流出装置，出水堰的作用是控制沉淀池内水位的高度,而且对池内水流的均匀分布有着直接的影响,出水堰的要求是在整个出水堰的单位长度上溢流量要基本一致。其中应用最为广泛的是锯齿形三角堰,水面不宜超过齿高的 1/2。为了适应水流的变化以及构筑物的不均匀沉降,往往在堰口处设有调节堰板的装置,堰前也应设挡板或浮渣槽。挡板应高出池内水面 0.1~0.15m,并浸没在水面下 0.3~0.4m。

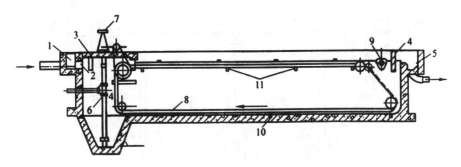

1—进水槽;2—进水孔;3—进水挡流板;4—出水挡流板;

5—集水槽;6—排泥管;7—排泥阀;8—链条;

9—排渣管槽(能够转动);10—导轨;11—支撑。

图 2-3　设有链带式刮泥机的平流式沉淀池

平流式沉淀池的排泥装置与方法一般如下。

(1)静水压力法

所谓静水压力法,就是利用池内的静水压将污泥排出池外,静水压力法的装置可参考图 2-3。排泥管直径为 200mm,插入污泥斗,上端伸出水面以便清通。静水压力水头高为 1.5m(初次沉淀池)和 0.9m(二次沉淀池)。为了使池底污泥能滑入污泥斗,池底应有 0.01~0.02 的坡度,但这会造成池总深加大,故也可采用如图 2-4 所示的多斗排泥平流式沉淀池,以减小深度。

(2)机械排泥法

机械排泥法是用机械装置把污泥集中到污泥斗,然后排出,常用的有链带式刮泥机和行走小车式刮泥机。链带式刮泥机如图 2-3 所示,链带上装有刮板,沿池底缓慢移动,速度约为 1m/min,把沉泥缓缓推入污泥斗,当链带刮板转到水面时,又可将浮渣推向流出挡板处的浮渣槽。链带式的缺点是机件长期浸于污水中,易被腐蚀,且难维修。图 2-5 为行走小车刮泥机,小车沿着池壁顶部的导轨往返行走,刮板被带动起来将沉泥刮入污泥斗,浮渣也被刮入浮渣槽。此方法刮泥时,整套刮泥机都位于水面之上,故行走时刮泥机易于修理,不易被腐蚀。

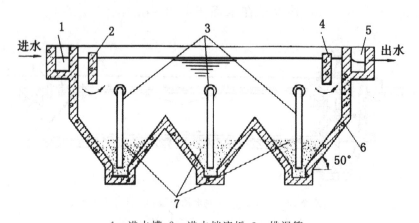

1—进水槽;2—进水挡流板;3—排泥管;

4—出水挡流板;5—出水槽;6—池壁;7—储泥斗。

图 2-4　多斗排泥平流式沉淀池结构示意图

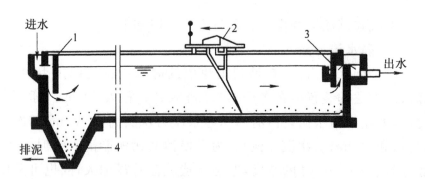

1—挡板;2—刮泥装置;3—浮渣槽;4—污泥斗。

图 2-5　设有行走小车刮泥机的平流式沉淀池

(3)吸泥法

当沉淀物密度低,含水率高时,不能被刮除,可采用单口扫描泵吸式,使集泥与排泥同时完成,如图 2-6 所示。图 2-6 中吸口

（1）、吸泥泵及吸泥管（2）用猫头吊（8）挂在桁架（7）的工字钢上，并沿工字钢作横向往返移动,吸出的污泥排入安装在桁架上的排泥槽（4）,通过排泥槽输送到污泥后续处理的构筑物中。这样可以保持污泥的高程,便于后续处理。单口扫描泵吸式向流入区移动时吸、排沉泥,向流出区移动时不吸泥。吸泥时的耗水量约占处理水量的 0.3%～0.6%。

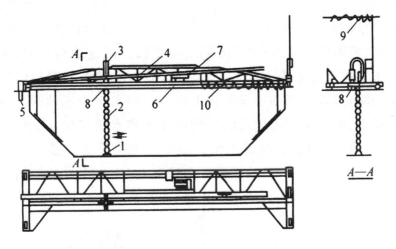

1—吸口;2—吸泥泵及吸泥管;3—排泥管;4—排泥槽;5—排泥渠;

6—电动机与驱动机构;7—桁架;8—小车电动机及猫头吊;

9—桁架电源引入线;10—小车电动机电源引入线。

图 2-6　单口扫描泵吸式

平流式沉淀池的沉淀区有效水深一般为 2～3m,废水在池中停留时间为 1～2h,表面负荷为 1～3m³/(m²·h),水平流速一般不大于 4～5mm/s,为了保证废水在池内分布均匀,池长与池宽比以 4～5 为宜。

在实际的沉淀池内,污水流动状态和理论状态差异很大。由于流入污水与池内原有污水之间在水温和密度方面的差异,因此可产生异重流。由于惯性力的作用,污水在池内能够产生股流;又由于池壁、池底及其他构件的存在,导致污水在池内流速分布不均,出现偏流、絮流等现象。这些因素在设计时可采用一些经验系数和校正项加以处理。

平流式沉淀池的优点是沉积面大,效果好,造价低,能够适应各种流量。缺点是占用场地大,排泥困难。

2.2.3 竖流式沉淀池

竖流式沉淀池多用于小流量废水中絮凝性悬浮固体的分离,池面多呈圆形或正多边形,如图 2-7 所示。上部为沉降区,下部为污泥区,两者间有 $0.3 \sim 0.5$m 的缓冲地段。沉淀池运行时,废水经进水管进入中心管,由管口出流后,借助反射板的阻挡向四周分布,并沿沉降区断面缓慢竖直上升。沉速大于水速的颗粒下沉到污泥区,澄清水则由周边的溢流堰溢入集水槽排出。如果池径大于 7m,可增加辐射向出水槽。溢流堰内侧设有半浸没式挡板来阻止浮渣被水带出。池底锥体为储泥斗,它与水平的倾角常不小于 $45°$,排泥一般采用静水压力,污泥管直径一般用 200mm。

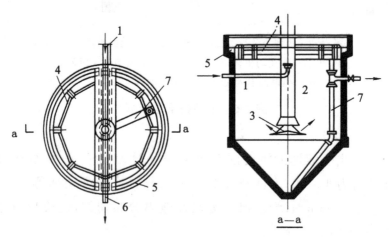

1—进水管;2—中心管;3—反射板;

4—挡板;5—集水槽;6—出水管;7—污泥管。

图 2-7 竖流式沉淀池

竖流式沉淀池的水流流速 v 是向上的,而颗粒沉速 u 是向下的,颗粒的实际沉速是 u 与 v 的矢量和,只有 $u \geqslant v$ 的颗粒才能被沉淀去除,因此颗粒去除率比平流与辐流式沉淀池小。但若颗粒具有絮凝性,则由于水流向上,带着微颗粒在上升的过程中,互相碰撞,促进絮凝,使颗粒变大,沉速随之增大,颗粒去除率就会增大。竖流式沉淀池可用静水压力排泥,不必用机械刮泥设备,但池深较大。

竖流式沉淀池的直径(或边长)为 4~8m,沉淀区的水流上升速度一般采用 0.5~1.0mm/s,沉淀时间为 1~1.5h。为保证水流自下而上垂直流动,要求池子直径与沉淀区深度之比不大于 3:1。中心管内水流速度应不大于 0.03m/s,而当设置反射板时,可取 0.1m/s。

污泥斗的容积视沉淀池的功能而各异。对于初次沉淀池,泥斗一般以储存 2d 污泥量来计算,而对于活性污泥法中的二次沉淀池,其停留时间以 2h 为宜。

竖流式沉淀池排泥方便,不需要加设机械刮泥设备,且占地面积较小。但是它也有造价高、单池容积小、池深大以及施工较困难等缺点。

2.2.4　辐流沉淀池

辐流式沉淀池大多呈圆形,如图 2-8 所示。辐流式沉淀池的直径一般为 6~60m,最大可达 100m,池周水深 1.5~3.0m。废水经进水管进入中心布水筒后,通过筒壁上的孔口和外围的环形穿孔整流挡板(穿孔率为 10%~20%)沿径向呈辐射状流向池周,其水力特征是污水的流速由大向小变化。沉淀后的水经溢流堰或淹没孔口汇入集水槽排出。溢流堰前设挡板,可以拦截浮渣。沉于池底的污泥,由安装于桁架底部的刮板以螺旋形轨迹刮入泥斗,刮泥机由桁架及传动装置组成。当池径小于 20m 时,用中心传动;当池径大于 20m 时,用周边传动。周边线速为 1.0~1.5m/min,池底坡度一般为 0.05,污泥靠静压或污泥泵排出。

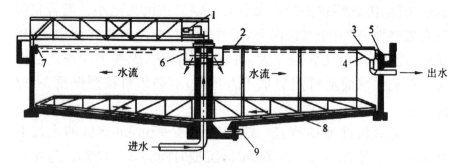

1—驱动装置;2—装在一侧桁架上的刮渣板;3—浮渣刮板;4—浮渣槽;
5—溢流堰;6—转动挡板;7—浮渣挡板;8—刮泥板;9—排泥管。

图 2-8 辐流式沉淀池示意图

2.2.5 沉淀池的选择

各种沉淀池的优缺点和适用条件见表 2-2。

表 2-2 各种沉淀池的优缺点和适用条件

类型	优点	缺点	适用条件
平流式	①沉淀效果好 ②对水流冲击和温度变化的适应性差 ③容易操作 ④平面布置紧凑 ⑤设备已经成熟	①配水不易均匀 ②在采用多斗排泥时,每个泥斗需单独排泥,工作强度大 ③设备复杂,施工要求高	各类型污水厂都能使用
竖流式	①容易操作,管理简单 ②占地面积较小	①池子较深,施工难度大 ②对水流冲击和温度变化的适应性较差 ③池子不能过大,否则布水不匀	比较适合小型污水厂
辐流式	①运行安全可靠 ②排泥设备已经成熟	设备复杂,施工要求高	比较适合大、中型污水厂

在选择沉淀池的池型时,应考虑以下主要因素:

①废水量与沉淀池的选择。如要处理的废水量很大,那么一般考虑使用平流式、辐流式沉淀池;若废水量小,可用竖流式沉淀池。

②悬浮物沉降性能与沉淀池的选择。悬浮物沉降性能差的污泥不宜使用静水压力排泥,此时应考虑用机械排泥,故不宜采用竖流式沉淀池。

③总体布置与地质条件。用地紧张的地区,宜用竖流式沉淀池。地下水位高、施工困难地区,不宜用竖流式沉淀池,宜用平流式沉淀池。

④造价的高低、运行管理与沉淀池的选择。通常平流式沉淀池的造价低,竖流式沉淀池的造价高。若从运行管理方面考虑,竖流式沉降池排泥方便,管理简单,而辐流式沉淀池排泥设备较为复杂,对管理的要求也较高。

一般来说,日处理污水流量 $5000m^3$ 以下的小型污水处理厂,可以使用竖流式沉淀池。对大、中型污水处理厂,宜采用辐流式沉淀池或平流式沉淀池,特别是采用平流式沉淀池,有利于降低处理厂的总水头损失,减少能耗,并可节约占地面积。

2.3　调节池

工业、企业往往采用分批或周期性方式组织生产,由于采用的生产工艺和所用原料不同,许多工业废水的流量、污染物组成和污染物的浓度或负荷随时间而波动。为使污水处理设施正常工作,需要采用均衡调节的方法来缓和这种水质和水量的波动,以维持污水处理工艺的稳定运行。

2.3.1　调节池的功能及优点

调节池的功能包括以下几个方面:①减少或者防止有机物质

的冲击负荷和有毒物质对系统的不利影响;②尽量保持废水处理中的酸碱平衡,以减少中和反应所需要的化学药品的用量;③加快热量的散失,尽可能地用混合低温废水和高温废水,以调节水温;④若采用间歇式的废水处理方式,可考虑一段时间内生物处理系统的连续进水。

设置调节池的优点如下:①消除或降低冲击负荷;②有毒性抑制物得以稀释;③pH 得以稳定;④保证了后续的生物处理效果;⑤由于生物处理单元在固体负荷率方面保持相对一致性,后续的二沉池在出水质量和沉淀分离方面效果也大大改善;⑥在需要投加化学药剂的场合,由于水量与水质得到调节,化学投药易于控制,工艺也越具有可靠性。不可否认,设置调节池也会带来一些负面因素,如占地面积增大、投资加大、维护管理的难度增加。

2.3.2　调节池的设置

2.3.2.1　调节池布设位置

调节池布设的位置要根据废水收集系统和待处理废水的特性、占地面积以及处理工艺类型等来决定。如果考虑将调节池设置在废水处理厂附近,需要考虑如何将调节池纳入废水处理的工艺流程中。在一些场合,可将调节池设置在一级处理与生物处理之间,以避免在调节池内形成浮渣和固体沉积。如果将调节池设置在一级处理之前,应当选择合理的搅拌方式。

2.3.2.2　调节池的类型与均质、均量方式

调节池的类型决定了其他的一些参数。如果调节池的主要作用是调节水量,那么只需要设置简单的水池,保持适量的调节池容积能够确保均匀出水就可以。如果调节池起的是保证废水的水质平衡,那么就需要使调节池的构造更为特殊一些,目的是使不同时间进入调节池的废水得到混合,以获得均匀的水质。为了使废水进行充分混合,防止悬浮物在调节池内沉淀与累积,工

程上更多使用的方式是在调节池内增设空气搅拌、机械搅拌、水力搅拌等设施。

2.3.3 调节池的设计计算

2.3.3.1 水量调节池

目前比较常用的调节池,进水一般为重力流动,出水采用泵抽升;但在市区内,因工厂用地紧张或地价高,水量调节池也可以是高位的(如废水处理站楼顶),进水通过水泵提升,出水为重力流,池有效水深一般为 2～3m。

调节池的容积可用图解法计算。例如某工厂废水在生产周期(T)内,废水流量变化曲线如图 2-9 所示。曲线下 T 小时内所围的面积等于废水的总流量 $W_T(\mathrm{m}^3)$。

$$W_T = \sum_{i=0}^{T} q_i t_i \tag{2-1}$$

式中,q_i 为 t 时段内废水的平均流量,单位为 $\mathrm{m^3/h}$;t_i 为时段,单位为 h。

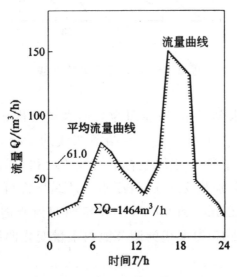

图 2-9 废水流量变化曲线

在周期 T 内废水平均流量（Q）为：

$$Q = \frac{W_T}{T} = \frac{\sum\limits_{i=0}^{T} q_i t_i}{T} \tag{2-2}$$

可以根据废水量的变化曲线绘制出如图 2-10 所示的废水流量累积曲线。流量累积曲线与周期 T 的交点 A 读数为 W_T（1464m³），连接 OA 直线，其斜率为 Q（61m³/h）。

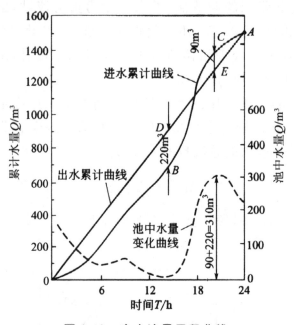

图 2-10　废水流量累积曲线

假设一台水泵工作，该线即为泵抽水量的累积水量。对废水流量累积曲线，作平行于 OA 的两条切线的 ab、cd，切点为 B 和 C，通过 B 和 C，作平行于纵坐标的直线 BD 和 CE，此两条直线与出水累积曲线分别相交于 D 和 E 点。从纵坐标可得到 BD 和 CE 的水量分别为 220m³ 和 90m³，两者相加即为所需调节池的容积为 310m³。图 2-10 中虚线为调节池内水量变化曲线。

2.3.3.2　水质调节池

（1）普通水质调节池

对调节池可写出物料平衡方程：

$$C_1 QT + C_0 V = C_2 QT + C_2 V \qquad (2\text{-}3)$$

式中，Q 为取样间隔时间内的平均流量，单位为 $\mathrm{m^3/h}$；C_1 为取样间隔时间内进入调节池污物的浓度，单位为 $\mathrm{mg/L}$；T 为取样间隔时间，单位为 h；C_0 为取样间隔开始时调节池污物的浓度，单位为 $\mathrm{mg/L}$；V 为调节池容积，单位为 $\mathrm{m^3}$；C_2 为取样间隔时间终了时调节池出水污物的浓度，单位为 $\mathrm{m^3/h}$。

假设在一个取样间隔时间内出水浓度不变，将式（2-3）变化后，每一个取样间隔后的出水浓度为：

$$C_2 = \frac{C_1 T + C_0 V/Q}{T + V/Q} \qquad (2\text{-}4)$$

当调节池容积已知时，利用式（2-4）可求出各间隔时间的出水污物浓度。

（2）穿孔导流槽式水质调节池

穿孔导流槽式水质调节池如图 2-11 所示。同时进入调节池的废水，由于流程长短不同，使前后进入调节池的废水相混合，以此达到均匀水质的目的。

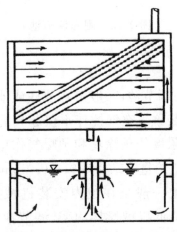

图 2-11　穿孔导流槽式水质调节池

这种调节池的容积可按下式计算：

$$W_T = \sum_{i=1}^{t} \frac{q_i}{2} \qquad (2\text{-}5)$$

考虑到废水在池内流动可能出现短路等因素，一般引入 $\eta=$ 0.7 的容裸加大系数。则式(2-5)应为

$$W_T = \sum_{i=1}^{t} \frac{q_i}{2\eta} \qquad (2\text{-}6)$$

水质调节池的形式除上述矩形的调节池外还有方形和圆形的调节池。圆形调节池如图 2-12 所示。

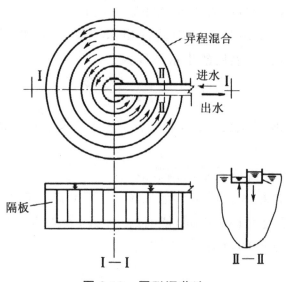

图 2-12　圆形调节池

（3）搅拌调节池

采用空气搅拌的调节池，一般多在池底或池一侧装设曝气穿孔管，或采用机械曝气装置。空气搅拌不仅起到混合及防止悬浮物下沉的作用，还有一定限度的预除臭和预曝气作用。为了保持调节池内的好氧条件，空气供给量以维持 $0.01\sim0.015\text{m}^3/(\text{m}^3 \cdot \text{min})$ 为宜。

机械搅拌调节池一般是在池内安装机械搅拌设备以实现废水的充分混合。为降低机械搅拌功率，调节池尽可能设置在沉砂池之后，采用的搅拌功率宜控制在 $0.004\sim0.008\text{kW/h}$ 之间。

水力搅拌调节池多采用水泵强制循环搅拌,即在调节池内设穿孔管,穿孔管与水泵的压水管相连,利用水压差进行强制搅拌。

2.4　隔油池(罐)

在煤化工、石油化工以及石油的开采过程中,都会带来大量的含油废水。其中大多油品相对密度一般都小于 1,只有重焦油相对密度大于 1。如果悬浮油珠粒径较大,则可依据油水密度差进行分离。这类设备统称为隔油池。目前国内外常用的有平流式隔油池和斜板式隔油池两类。

2.4.1　平流式隔油池

2.4.1.1　平流式隔油池的构造

平流式隔油池与平流式沉淀池相似,如图 2-13 所示,废水从池的一端进入,以较低的水平流速流经池子,从另一端流出。在此过程中,废水中轻油滴在浮力作用下上浮聚积在池面,通过设在池面的刮油机和集油管收集回用,密度大于水的颗粒杂质沉于池底,通过刮泥机和排泥管排出。刮油刮泥机的作用是将水面的浮油推向末端集油管,而在池底部起着刮泥的作用。

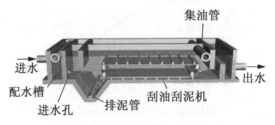

图 2-13　平流式隔油池

平流式隔油池一般不少于两个,池深 1.5～2.0m,超高 0.4m,每单格的长宽比不小于 4,工作水深与每格宽度之比不小于 0.4,池内流速一般为 2~5mm/s,停留时间一般为 1.5~2.0h。

一般隔油池水面的油层厚度不应大于 0.25m。集油管常设在池出口处及进水口,一般为直径 200~300mm 的钢管,管轴线安装高度与水面相平或低于水面 5cm,沿管轴方向在管壁上开有60°角的切口。集油管可用螺杆控制,使集油管能绕管轴转动,平时切口处于水面以上,收油时将切口旋转到油面以下,浮油溢入集油管并沿集油管流向池外。

为了保证隔油池的正常工作,池表面应加盖,以防火、防雨、保温及防止油气散发污染大气。在寒冷地区或冬季,为了增大油的流动性,隔油池内应采取加温措施,在池内每隔一定距离加设蒸汽管,提高废水温度。

2.4.1.2 平流式隔油池的设计

平流隔油池的设计可按油粒上升速度或废水停留时间计算。油粒上升速度可通过试验求出(与沉淀试验相同)或直接应用修正的 Stokes 公式计算。

$$u = \frac{\beta g (\rho_0 - \rho_1)}{18\mu} (\text{cm/s}) \qquad (2-7)$$

式中,水的密度 ρ_0 和绝对黏度 μ 分别由图 2-14 和图 2-15 查得;ρ_1 为油的密度;β 表示由于水中悬浮物的影响使油粒上浮速度降低的系数。

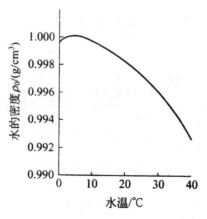

图 2-14 水的密度与水温的关系

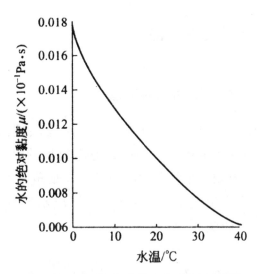

图 2-15　水的绝对黏度与水温的关系

$$\beta=\frac{4\times10^4+0.8c^2}{4\times10^4+c^2} \tag{2-8}$$

式中, c 表示废水悬浮物的浓度。

隔油池的表面积:

$$A=\frac{\alpha Q}{u}(\text{m}^2) \tag{2-9}$$

式中, Q 为废水设计流量,单位为 m^3/h; α 为考虑池容积利用系数及水流紊流状态对池表面积的修正值,它与 v/u 的比值有关,见表 2-3; v 为水平流速,单位为 m/h,一般要求 $v<15u$,且 v 不大于 54m/h。

表 2-3　α 与速度比 v/u 的关系

速度比 v/u	20	15	10	6	3
α 值	1.74	1.64	1.44	1.37	1.28

平流式隔油池构造简单,工作稳定性好,能去除油粒的最小直径为 $100\sim150\mu\text{m}$,可将废水中含油量从 $400\sim1000\text{mg/L}$ 降至 150mg/L 以下,油类去除率达 70% 左右。

2.4.2 斜板式隔油池

2.4.2.1 斜板式隔油池的构造

对于废水中的细分散油,同样可以利用浅层理论来提高分离效果。斜板式隔油池如图 2-16 所示,池内斜板的材料大多数采用聚酯玻璃钢波纹板,板间距为 40mm 左右,倾角不小于 45°,采用异向流形式,废水自上而下流入斜板组,从出水堰排出;油粒沿斜板上浮,经集油管收集排出。

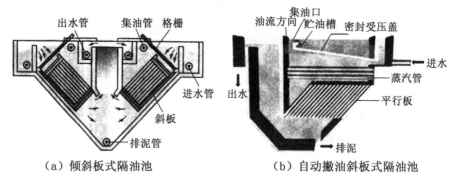

（a）倾斜板式隔油池　　　　（b）自动撇油斜板式隔油池

图 2-16　斜板式隔油池

2.4.2.2 斜板式隔油池的设计

斜板式隔油池设计计算方法与斜板沉淀池基本相同,停留时间一般不大于 30min,表面水力负荷宜为 $0.6 \sim 0.8 m^3/(m^2 \cdot h)$,斜板净距一般采用 40mm,倾角≥45°,能去除油滴的最小直径为 $60 \mu m$,处理石油炼制厂废水出水含油量可控制在 50mg/L 以内。但是斜板隔油池结构复杂,斜板刮油易堵,所以斜板应选择耐腐蚀、不沾油和光洁度好的材料,并且需要定期用蒸汽及水冲洗。废水含油量大时,可采用较大的板间距(或管径);含油量少时,间距可以减小。

2.5 气浮除油

气浮是将空气以某种方式分散到废水中,形成大量微小气泡,使废水中的污染物吸附在气泡上,并随气泡一起上浮到水的表面而形成三相泡沫层,然后分离泡沫与水而实现去除污染物的过程。

实现气浮必须具备以下三个基本条件:①必须向水中引入一定量的微气泡,理想的气泡尺寸为 $15\sim30\mu m$;②必须使固态或液态污染物质颗粒呈悬浮状态且具有疏水性质,从而能附着在气泡上上浮;③必须有适于气浮工艺的设备。气浮过程包括气泡产生、气泡与颗粒(固体或液滴)附着以及上浮分离等连续步骤。

在废水处理中,气浮法广泛应用于:①分离回收含油废水中的悬浮油和乳化油;②再次利用废水中的有用成分;③替代二次沉淀池;④浓缩剩余活性污泥;⑤分离回收以分子或离子状态存在的表面活性物质、金属离子等物质。

根据生成气泡的方式,气浮法又可以分为电解气浮法、散气气浮法和溶气气浮法。

2.5.1 电解气浮法

电解气浮法运用电化学方法,使设置在废水中的电极在直流电的作用下电解水,在电极周围产生细小均匀的氢气泡或氧气泡,这些气泡黏附废水中的固体或液体污染物共同上浮,以去除废水中污染物。电解气浮法的电极既可以采用可溶性的电极,也可以采用不溶性的电极。可溶性电极的处理效果好于不溶性电极,但前者耗能、耗材,在实际应用中多采用不溶性电极。

电解气浮法除用于固液分离外,还具有氧化、杀菌、降低 BOD 等作用。

电解气浮装置可分为平流式和竖流式两种。

2.5.1.1　平流式电解气浮装置

平流式电解气浮装置采用矩形气浮池，设备构造如图 2-17 所示，其中电极组（3）安装在接触区（4）里。气浮池工作时，废水先进入入流室（1），经过整流栅（2）整流后通过电极组（3）。在电极组中电极在直流电的作用下电解水产生细小均匀的氢气泡或氧气泡，这些气泡黏附废水中的固体或液体污染物随水流进入分离室（5），上浮至水面形成含有大量固体或液体污染物的泡沫状浮渣。浮渣在刮渣机（6）的作用下刮入浮渣室（9），通过排渣阀（7）排出。出水通过水位调节器（8）进入出水管。一些不能被分离的沉淀物通过排泥口（10）排出。

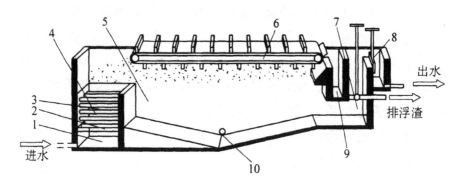

1—入流室；2—整流栅；3—电极组；4—接触区；5—分离室；

6—刮渣机；7—排渣阀；8—水位调节器；9—浮渣室；10—排泥口。

图 2-17　平流式电解气浮装置

2.5.1.2　竖流式电解气浮装置

竖流式电解气浮装置采用中央进水方式，其构造如图 2-18 所示。电极组放置在中央整流区（4），废水进入入流室（1），经过整流栅（2）整流后进入电极组（3）。电极组中的电极在直流电的作用下电解废水产生细小均匀的氢气泡或氧气泡，这些气泡黏附废水中的固体或液体污染物随水流通过出流孔（5）进入分离室（6），并上浮至水面形成含有大量固体或液体污染物的泡沫状物质。

这些物质通过刮渣机(10)进入浮渣室(11)后排出；出水通过集水孔(7)进入出水管(8)再经过水位调节器(9)排出。一些不能被分离的沉淀于分离室底部的物质则通过排泥管(12)和排渣阀(13)排出。

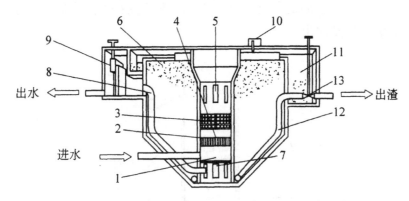

1—入流室；2—整流栅；3—电极组；4—整流区；5—出流孔；

6—分离室；7—集水孔；8—出水管；9—水位调节器；

10—刮渣机；11—浮渣室；12—排泥管；13—排渣阀。

图 2-18　竖流式电解气浮装置

电解气法的优点是：①去除污染范围广；②泥渣量少；③工艺简单；④设备简单。其缺点是：①电耗较大；②电极清理更换不方便。电解气浮法多用于刮除细小分散的悬浮固体或乳化油。

2.5.2　散气气浮法

散气气浮法是一种直接向水中充入气体，利用散气装置使气体以气泡的形式均匀分布于废水中的一类气浮法，散气气浮法按照散气装置的不同分为微孔曝气气浮法和剪切气泡气浮法。

2.5.2.1　微孔曝气气浮法

微孔曝气气浮法是使压缩气体通过微孔散气装置，利用压缩气体的爆破力和微孔的剪力使气体分裂成微气泡分布于水中的一种气浮法。

在实践中主要应用扩散板曝气气浮法,其气浮装置如图 2-19 所示。压缩气体经过位于气浮池底的微孔陶瓷扩散板(1)形成大量小气泡,小气泡黏附废水中的固态或液态污染物,通过分离区(2),形成含有大量固体或液体污染物的浮渣上浮至水面。浮渣从位于气浮池上部的排渣口(3)排出,处理后的水从位于气浮池下部的出水管排出。

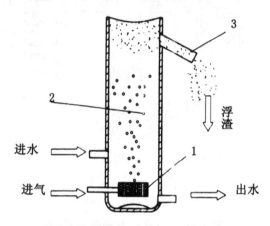

1—微孔陶瓷扩散板;2—分离区;3—排渣口。

图 2-19   扩散板曝气气浮装置

此方法的特点是简便易行,但其散气装置中的微孔容易堵塞,产生的气泡直径较大且难以控制,气浮效果不甚理想。

2.5.2.2   剪切气泡气浮法

剪切气泡气浮法是采用散气装置形成的剪力来破碎、分割、散布气体的一种气浮法。根据气泡分割采用方法的不同剪切气泡气浮法又可以分为射流气浮法、叶轮气浮法和涡凹气浮法等。

(1)射流气浮法

射流气浮法采用图 2-20 所示的射流器向水中充入空气。在气浮过程中,高压水经过喷嘴(2)喷射而产生负压,使空气从吸气管(1)吸入并与水混合形成气水混合物。气水混合物在通过喉管(3)时将水中的气泡撕裂、剪切、粉碎成微气泡,并在进入扩散管

(4)后,将气水混合物的动能转化为势能,进一步压缩气泡,最后进入气浮池进行气液分离过程。射流气浮池通常采用圆形竖流式,这种方法的特点是设备简单、易操作,但是由于设备自身的限制,其吸气量一般不超过进水量的 10%。

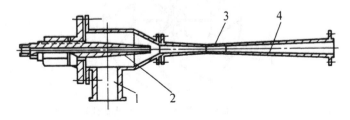

1—吸气管;2—喷嘴;3—喉管;4—扩散管。

图 2-20　射流器的构造

(2)叶轮气浮法

叶轮气浮法如图 2-21 和图 2-22 所示。它是利用叶轮高速旋转,在盖板下形成负压,从盖板上的空气管中吸入空气,废水通过盖板上的小孔。在叶轮的搅动下,空气受剪切力被破碎成细小的气泡,然后与水混合均匀,又被甩出导向叶片以外,最后经过整流板稳流后,气体在池内上升,产生气浮效果。

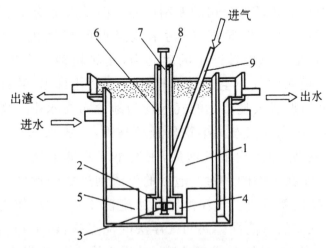

1—分离区;2—盖板;3—叶轮;4—导向板;5—整流板;

6—轴套;7—转轴;8—轴承;9—进气管。

图 2-21　叶轮气浮系统示意图

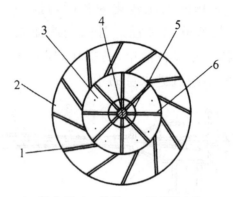

1—导向板;2—盖板;3—循环进水孔;
4—转轴;5—轴套;6—叶轮叶片。

图 2-22　叶轮示意图

叶轮气浮适用于处理水量不大,悬浮物含量高的废水,如用于洗煤废水或含油脂、羊毛等废水的处理,去除率比较高,一般可达 80% 左右。该方法的特点是设备不易堵塞、运行管理、操作较为简单。

（3）涡凹气浮法

涡凹气浮法又叫空穴气浮法（Cavitation Air Flotation,CAF）,是美国 Hydrocal 环保公司的专利产品。图 2-23 所示是涡凹气浮系统示意图。其工作原理是:污水流经涡凹曝气机（4）的涡轮（7）,涡轮利用高速旋转产生的离心力,使涡轮轴心产生负压,从进气孔（5）吸入空气。空气沿涡轮的四个气孔排出,并被涡轮叶片打碎,从而形成大量微小的气泡均匀地分布在水中。微气泡与水中悬浮的固态或液态污染物质颗粒黏附,形成水—气—颗粒三相混合体系,颗粒黏附上气泡后,密度小于水即上浮到水面。刮泥机（3）将浮在水面的黏附气泡后的浮渣刮进集渣槽（2）,通过螺旋输送器排出系统外。气浮池底部回流管（9）的循环作用大大减少了固体沉淀的可能性。涡凹气浮法的优点是:污水和循环水不需要通过一些强制的孔或者喷嘴,因此流体运行十分流畅,不会有任何堵塞现象的发生,污水的循环不需要泵和其他的一些设备。

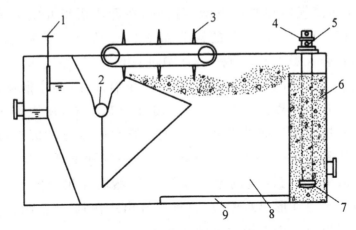

1—水位调节器;2—集渣槽;3—刮泥机;4—涡凹曝气机;
5—进气孔;6—接触区;7—涡轮;8—分离区;9—回流管。

图 2-23　涡凹气浮系统示意图

　　CAF 涡凹气浮系统是专门为了去除工业废水和城市污水中的油脂、胶状物以及固体悬浮物而设计的。

2.5.3　溶气气浮法

　　溶气气浮法是利用气体在水中的溶解度随着压力的提高而增加的原理,通过对废水增加或减少压力,使气体在高压力时溶入水中,在低压力时从水中析出,从而产生大量气泡,达到气浮效果的一类气浮法。

　　溶气气浮法的气泡是由溶解于水中的气体自然析出产生的,产生的气泡粒径小且均匀、气泡量大、上升速度慢、对池搅动小、分布均匀,气浮效果好,应用最为广泛。

　　溶气气浮法不同于其他气浮法的地方就在于它具有溶气、释气设备。根据产生压力差的方法不同,溶气气浮法分为真空溶气气浮法和加压溶气气浮法。

2.5.3.1　真空溶气气浮法

　　真空溶气气浮法的工作原理是通过产生负压的方法形成压

力差,从而使气体在常压下溶入废水,在低压析出并实现溶气气浮的过程。真空气浮设备的构造如图 2-24 所示。废水通过入流调节器后进入曝气室,由曝气器(2)进行预曝气,使废水中的溶气量接近于常压下的饱和值。未溶空气在消气井(3)中脱除,然后废水被提升到分离区(4)。分离池处于低压状态,所以溶于水的空气很容易以小气泡的形式溢出来。废水中悬浮的固态或液态污染物质黏附在这些细小的气泡上,并随气泡上浮到浮渣层,旋转的刮渣板(5)将浮渣刮至集渣槽(6),然后经出渣室(9)排出。处理后的水由环形出水槽(7)收集后排出。在真空气浮设备底部装有刮泥板(8),用以排除沉到池底的污泥。

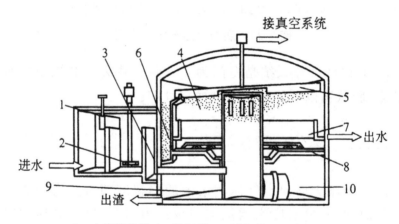

1—入流调节器;2—曝气器;3—消气井;4—分离区;
5—刮渣板;6—集渣槽;7—环形出水槽;8—刮泥板;
9—出渣室;10—操作室(包括抽真空设备)。

图 2-24　真空气浮设备

2.5.3.2　加压溶气气浮法

加压溶气气浮法是通过产生正压的方法实现气体在废水中溶入,在常压下析出的一类溶气气浮法。

加压溶气气浮法工艺主要由压缩空气产生设备、空气释放设备和气浮池等组成。加压溶气气浮法根据溶气水的来源或数量的不同分为全部废水溶气气浮法、部分废水溶气气浮法和部分回流加压溶气气浮法。

(1) 全部废水溶气气浮法

全部废水溶气气浮法工艺流程是将全部废水进行加压溶气, 再经减压释放装置进入气浮池进行气浮分离, 如图 2-25 所示。全部废水溶气气浮法工艺电耗高, 但因不另加溶气水, 所以气浮池容积小。至于泵前投加混凝剂形成的絮凝体在加压及减压释放过程中是否会受到不利影响, 目前尚无定论, 不过从分离效果来看并无明显区别。其原因是气浮法对洗凝反应的要求与沉淀法不一样, 气浮并不要求生成大的絮凝体, 只要求混凝剂与水充分混合。

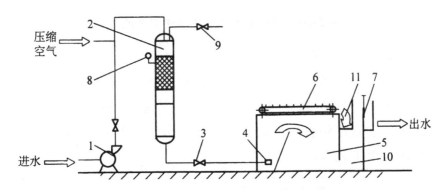

1—加压泵；2—压力溶气罐；3—减压阀；4—溶气释放器；

5—分离区；6—刮渣机；7—水位调节器；8—压力表；

9—放气阀；10—排水区；11—浮渣室。

图 2-25　全部废水溶气气浮法工艺流程

(2) 部分废水溶气气浮法

部分废水溶气气浮法工艺流程是将部分废水进行加压溶气, 其余废水直接进入气浮池, 如图 2-26 所示。该工艺比全部废水溶气气浮工艺省电, 且由于部分废水经溶气罐加压, 所以溶气罐的容积比较小。但因部分废水加压溶气所能提供的空气量较少, 因此, 要提供较大的空气量, 就必须加大溶气罐的压力。上述两种流程存在的共同问题是废水通过溶气罐和溶气释放器时容易发生堵塞。

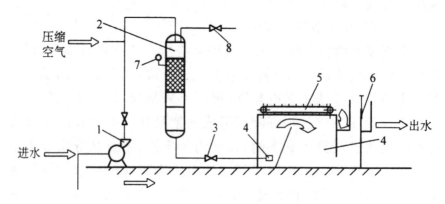

1—加压泵；2—压力溶气罐；3—减压阀；4—分离区；
5—刮渣机；6—水位调节器；7—压力表；8—放气阀。

图 2-26　部分废水溶气气浮法工艺流程

（3）部分回流加压溶气气浮法

部分回流加压溶气气浮法工艺流程是将部分出水进行回流，加压后送入气浮池，而废水则直接送入气浮池中，如图 2-27 所示。该法适用于悬浮物含量高的废水的固液分离，但气浮池的容积较前两种气浮工艺大。

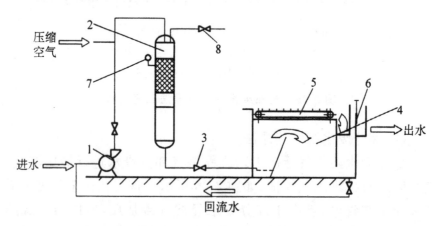

1—加压泵；2—压力溶气罐；3—减压阀；4—分离区；
5—刮渣机；6—水位调节器；7—压力表；8—放气阀。

图 2-27　部分回流溶气气浮法工艺流程

2.5.4　气浮池

目前常用的气浮池均为敞开式水池,分为平流式气浮池和竖流式气浮池两种。

2.5.4.1　平流式气浮池

平流式气浮池的池体一般为矩形,池深一般为 1.5～2.0m,不会超过 2.5m,池深与池宽之比大于 0.3。气浮池的表面负荷通常取 5～10m³/(m² · h),总停留时间为 30～40min。在平流式气浮池中,为了防止进水水流对池中上浮的气泡产生干扰和影响,一般把气浮池的上浮部分分隔出来,前面的整流部分称为接触区,后面的上浮部分则称为分离区,如图 2-28 所示。

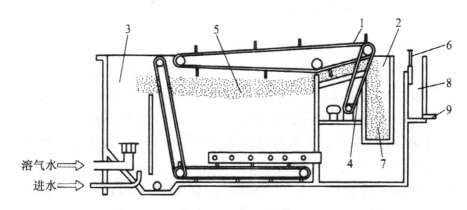

1—刮渣板;2—排泥口;3—接触区;4—传动链;5—分离区;
6—水位调节器;7—集渣槽;8—集水槽;9—出水管。

图 2-28　平流式气浮池

2.5.4.2　竖流式气浮池

竖流式气浮池一般采用圆柱形池体,池体高度一般为 4～5m,直径一般在 9～10m 以内,采取中央进水的方式,如图 2-29 所示。

竖流式气浮池中一般采用行星式刮渣机,平流式气浮池中一般采用桥式刮渣机。

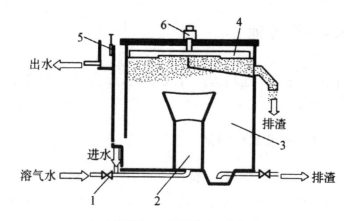

1—减压阀；2—接触区；3—分离区；
4—刮渣板；5—水位调节器；6—刮渣机。

图 2-29 竖流式气浮池

2.5.4.3 附属设备

（1）加压泵

用来供给一定量的溶气水。加压泵压力过高时，由于单位体积溶解的空气量增加，经减压后能析出大量的空气，反而会促进微气泡的聚合，对气浮分离不利。此外，由于高压下所需的溶气水量减少，不利于溶气水与进水充分混合。反之，如果加压泵压力过低，势必增加溶气水量，从而增加了气浮池容积。目前国产离心泵的压力为 0.25～0.35MPa，流量为 10～200m³/h，可满足不同的处理要求。加压泵的选择，除满足溶气水的压力外，还应考虑管路系统的压力损失。

（2）溶气罐

溶气罐的作用是使水和空气充分接触，加速空气的溶解。目前常采用填充式溶气罐。溶气罐的表面负荷一般为 300～2500m³/(m²·d)。

关于溶气罐中填料堵塞问题，按表面负荷来说，远远超过生物滤池的表面负荷，可以达到 10m³/(m²·d)，似乎不会发生堵塞。但对于较大的溶气罐，由于布水不均匀，在某些部位可能发生堵塞，特别是对悬浮物含量高的废水，在采用全部或部分废水加压时应考虑堵塞问题。关于空气和水在填料内的流向问题,研究结果表明,最好采用从溶气罐顶部进气和进水。由于空气从罐顶进入,可防止出现因操作不慎使压力水倒流入空压机,以及排出的溶气水中夹带较大气泡等问题。所以,其供气部分的最低位置应在溶气罐有效水深 1.0m 以上。

（3）减压阀

利用现成的减压阀,其缺点是:①多个阀门相互间的开启度不一致,难以调节控制最佳开启度,因而从每个阀门的出流量各不相同,且释放出的气泡尺寸大小不一致;②阀门安装在气浮池外,减压后经过一段管道才送入气浮池,如果此段管道较长,则气泡合并现象严重,从而影响气浮效果;③在压力溶气水长期冲击下,阀芯与阀杆螺栓易松动,造成流量改变,使运行不稳定。

（4）专用释放器

根据溶气释放规律专门制造。国外有英国水研究中心的 WRC 喷嘴、针形阀等,国内有 TS 型、TJ 型和 TV 型等。它们的特点是:①在 0.15MPa 以上时,即能释放溶气量的 99% 左右;②能在 0.2MPa 以上的压力下工作,且能取得良好的净水效果,节约能耗;③释放出的气泡微细均匀,平均直径为 $20\sim40\mu m$,气泡密集且附着性能好。

第3章　污水的生物处理技术

1921 年,我国第一座污水处理厂在上海建成,标志着我国污水处理事业的起步。随着国家经济的发展和人们对环境问题的重视,我国污水处理事业正在迅速发展。以活性污泥法为核心的好氧生物处理工艺是国内污水处理中使用最多的方法。

3.1　生物处理概述

3.1.1　生物处理的基本原理

在自然水体中,存在着大量依靠有机物生活的微生物。它们不但能分解氧化一般的有机物并将其转化为稳定的化合物,而且还能转化有毒物质。生物处理就是利用微生物分解氧化有机物的这一功能,并采取一定的人工措施,创造有利于微生物的生长、繁殖的环境,使微生物大量增殖,以提高其分解氧化有机物效率的一种污水处理方法。

3.1.2　生物处理的基本参数

3.1.2.1　水力停留时间和固体停留时间

水力停留时间(hydraulic retention time,HRT)是水流在处理构筑物内的平均驻留时间,从直观上看,可以用处理构筑物的容积与处理进水量的比值来表示,HRT 的单位一般用 h 表示。

固体停留时间(SRT)是生物体(污泥)在处理构筑物内的平均驻留时间,即污泥龄。从直观上看,可以用处理构筑物内的污泥总量与剩余污泥排放量的比值来表示,SRT 的单位一般用 d 表示。

3.1.2.2　污泥负荷和容积负荷

污泥负荷是指曝气池内单位重量的活性污泥在单位时间内承受的有机质的数量,单位是 $kgBOD_5/(kgMLSS \cdot d)$,一般记为 F/M,常用 N_s 表示。容积负荷是指单位有效曝气体积在单位时间内承受的有机质的数量,单位是 $kgBOD_5/(m^3 \cdot d)$,一般记为 F/V,常用 N_v 表示。

3.1.2.3　有机负荷率

有机负荷率可以分为进水负荷和去除负荷两种。

进水负荷是指曝气池内单位重量的活性污泥在单位时间内承受的有机质的数量,或单位有效曝气池容积在单位时间内承受的有机质的数量,即进水有机负荷可以分为污泥负荷 N_s 和容积负荷 N_v 两种。

去除负荷是指曝气池内单位重量的活性污泥在单位时间内去除的有机质的数量,或单位有效曝气池容积在单位时间内去除的有机质的数量。因此,去除负荷可以用进水负荷和去除率两个参数来表示。

3.1.2.4　冲击负荷

冲击负荷是指在短时间内污水处理设施的进水负荷超出设计值或正常运行值的情况,可以是水力冲击负荷,也可以是有机冲击负荷。

如果冲击负荷过大,超过了生物处理工艺本身能承受的能力,就会影响处理效果,使出水水质变差,甚至导致处理系统瘫痪。

3.1.2.5 温度

无论好氧处理还是厌氧处理，都要求在一定温度范围内进行，一旦超过此范围，即温度过高或过低都会降低处理效率，甚至造成整个系统的失效。

3.1.2.6 溶解氧

好氧生物处理装置要求水中溶解氧最好在 2mg/L 以上，厌氧生物处理装置要求溶解氧在 0.5mg/L 以下，如果想进入理想的产甲烷阶段则最好检测不到溶解氧。

3.2 氧化沟工艺

氧化沟（oxidation ditch）又名连续循环曝气池（continuous loop reactor），是活性污泥法的一种改型。它把循环式反应池用作生物反应池，混合液在该反应池中沿一条闭合式曝气渠道进行连续循环，水力停留时间长，有机物负荷低，通过曝气和搅动装置，向反应池中的污水传递能量，从而使被搅动的污水在沟内循环。

3.2.1 氧化沟的主要类型

3.2.1.1 基本型氧化沟

基本型氧化沟处理规模小，一般采用卧式转刷曝气器，如图 3-1 所示。水深为 1～1.5m。氧化沟内污水水平流速为 0.3～0.4m/s。为了保持流速，其循环量约为设计流量的 30～60 倍。此种池结构简单，往往不设二沉池。

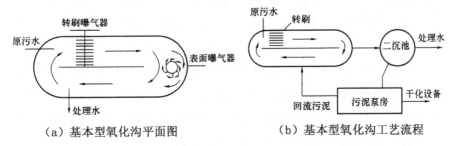

（a）基本型氧化沟平面图　　　（b）基本型氧化沟工艺流程

图 3-1　基本型氧化沟及其流程

3.2.1.2　卡鲁塞尔(Carrousel)型氧化沟

卡鲁塞尔型氧化沟是一个多沟串联系统,进水与回流污泥混合后,共同沿水流方向在沟内不停地循环流动,沟内在池的一端安装立式表曝机,每组沟安装一个,工艺示意图如图 3-2 所示。

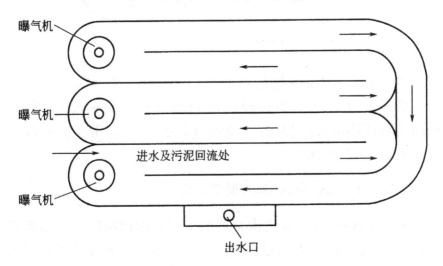

图 3-2　常见的卡鲁塞尔型氧化沟工艺示意图

此类氧化沟由于采用了表面曝气器,其水深可采用 4～4.5m。如果有机负荷较低时,可停止某些曝气器的运行,在保证水流搅拌混合循环流动的前提下,减少能量消耗。除此典型布置之外,卡鲁塞尔还有许多其他布置形式。

微孔曝气型 Carrousel 2000 系统采用鼓风机微孔曝气供氧,

其工作原理图如图 3-3 所示。微孔曝气器可产生大量直径为 1mm 左右的微小气泡,这大大提高了气泡的表面积,使得在池容积一定的情况下氧转移总量增大(如池深增加则其传质效率将更高)。微孔曝气型 Carrousel 2000 系统采用了水下推流的方式,即把潜水推进器叶轮产生的推动力直接作用于水体,在起推流作用的同时又可有效防止污泥的沉降。因而,采用潜水推进器既降低了动力消耗,又使泥水得到了充分的混合。

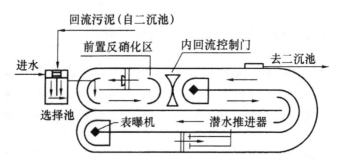

图 3-3 Carrousel 2000 型氧化沟工作原理图

Carrousel 3000 系统是在 Carrousel 2000 系统前再加上一个生物选择区。该生物选择区是利用高有机负荷筛选菌种,抑制丝状菌的增长,提高各污染物的去除率,其后的工艺原理同 Carrousel 2000 系统。

3.2.1.3 奥贝尔(Orbal)型氧化沟

奥贝尔(Orbal)型氧化沟是由多个同心的椭圆形或圆形沟渠组成,污水与回流污泥均进入最外一条沟渠,在不断循环的同时依次进入下一个沟渠,它相当于一系列完全混合反应池串联而成,最后混合液从内沟渠排出。沟道宽度一般不大于 9m,有效水深 4.0m 左右,沟内流速为 0.3~0.9m/s。图 3-4 为典型的奥贝尔型氧化沟。

在运行时,外、中、内沟渠的溶解氧分别为厌氧、缺氧、好氧状态,使溶解氧保持较大的梯度,有利于提高充氧效率,同时有利于有机物的去除和脱氮除磷。

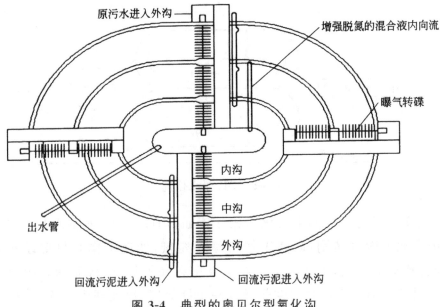

图 3-4　典型的奥贝尔型氧化沟

3.2.1.4　交替工作式氧化沟

交替工作式氧化沟是指在一沟或多沟内按时间顺序对氧化沟的曝气和沉淀进行调整，以取得最佳的处理效果。通常有 A 型、DE 型、VR 型、T 型双沟交替。

(1)A 型氧化沟

A 型氧化沟是单沟交替工作式氧化沟，主要用于 BOD 的去除和硝化，仅限于较小的处理场所，各个工作周期的长短取决于污水间歇排放的周期。

(2)DE 型氧化沟

DE 型氧化沟(见图 3-5)为双沟交替工作式氧化沟，由两个池容相等的氧化沟组成，两沟串联交替作为曝气池和沉淀池，具有良好的生物除氮功能，主要用于 BOD 的去除和硝化。

DE 型氧化沟与 D 型、T 型氧化沟的不同之处是二沉池与氧化沟分开，并有独立的污泥回流系统。而 T 型氧化沟的两侧沟轮流作为沉淀池。

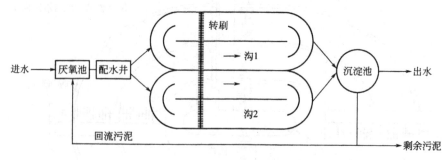

图 3-5　DE 型氧化沟

DE 氧化沟内两个氧化沟相互连通,串联运行,交替进水。沟内设双速曝气转刷,高速工作时曝气充氧,低速工作时只推动水流,基本不充氧,使两沟交替处于厌氧和好氧状态,从而达到脱氮的目的。若在 DE 氧化沟前增设一个缺氧段,可实现生物除磷,形成脱氮除磷的 DE 型氧化沟工艺。

(3)VR 型氧化沟

VR 型氧化沟也是单沟交替工作式氧化沟,主要用于 BOD 的去除和硝化,其特点是将氧化沟分成容积基本相等的两部分,定时改变曝气转刷的方向,来改变沟内水流方向,使两部分氧化沟交替地作为曝气区和沉淀区。VR 型系统操作简单,机械设备少,出水水质好,其转刷利用率达 75%。

(4)T 型氧化沟

T 型氧化沟(见图 3-6)是由三个相同的氧化沟组建在一起作为一个单元运行,三个氧化沟之间两两连通,每个池都配有可供污水和环流(混合)的转刷,每池的进口均与经格栅和沉砂池处理的出水通过配水井相连接,两侧氧化沟可起曝气和沉淀双重作用,中间的池子则维持连续曝气。T 型氧化沟不设二沉池和回流装置,具有去除 BOD 和硝化脱氮的功能,工作周期一般为 8h,曝气转刷的利用率可提高到 60% 左右。

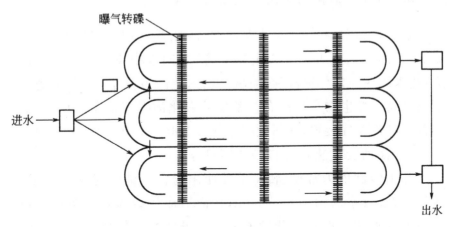

图 3-6　T 型氧化沟

3.2.1.5　一体化氧化沟

一体化氧化沟又称合建式氧化沟,是指集曝气、沉淀、泥水分离和污泥回流功能为一体,无须建造单独的氧化沟。图 3-7 为船式一体化氧化沟及分离器的示意图。

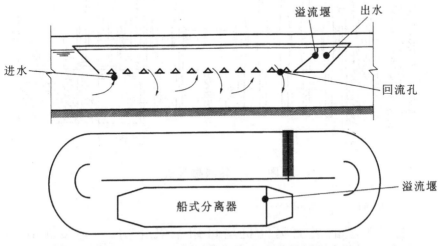

图 3-7　船式一体化氧化沟及分离器的示意图

3.2.1.6 氧化沟专用曝气设备

曝气设备对氧化沟的处理效率,能耗及处理稳定性有关键性影响,其作用主要表现在以下四个方面:向水中供氧;推进水流前进,使水流在池内作循环流动;保证沟内活性污泥处于悬浮状态;使氧、有机物、微生物充分混合。常规的氧化沟曝气设备有横轴曝气装置及竖轴曝气装置,充氧效率一般在 $2.0 \sim 2.4 \mathrm{kg}\ O_2/(\mathrm{kW \cdot h})$。

(1)横轴曝气装置为转刷和转盘

其中转刷更为常见,转刷单独使用通常只能满足水深较浅的氧化沟,有效水深为 $2.0 \sim 3.5 \mathrm{m}$,从而造成传统氧化沟较浅、占地面积大的弊端。近几年开发了水下推进器配合转刷,解决了这个问题,如图 3-8 所示。

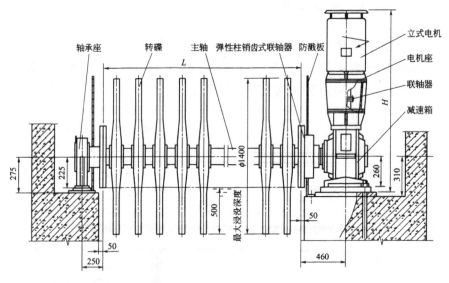

图 3-8 转碟曝气机

(2)竖轴式表面曝气机

各种类型的表面曝气机均可用于氧化沟,一般安装在沟渠的转弯处,这种曝气装置有较大的提升能力,氧化沟水深可达 $4 \sim 4.5 \mathrm{m}$。表曝设备价格较便宜,但能耗大易出故障,且维修困难,如图 3-9 所示。

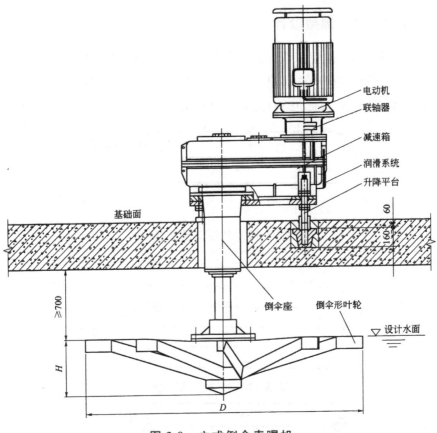

图 3-9 立式倒伞表曝机

3.2.2 氧化沟的设计要点

3.2.2.1 工艺流程

氧化沟处理工艺流程如图 3-10 所示。

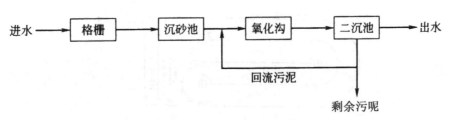

图 3-10 氧化沟处理工艺流程

3.2.2.2 沟型设计

①卡鲁塞尔型氧化沟通常采用以下几种布置形式：二廊道型、四廊道型、转折四廊道型、A^2/O四廊道型、前置反硝化四廊道型、前置反硝化六廊道型（见图 3-11～图 3-16）。

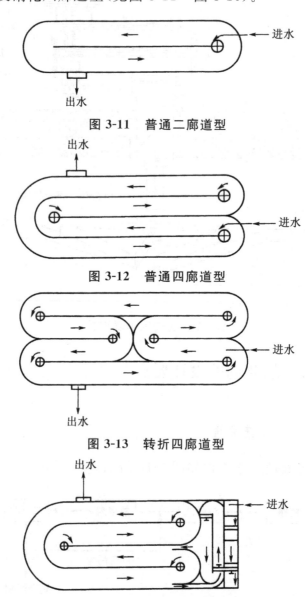

图 3-11　普通二廊道型

图 3-12　普通四廊道型

图 3-13　转折四廊道型

图 3-14　A^2/O四廊道型

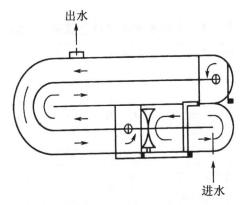

图 3-15　前置反硝化四廊道型

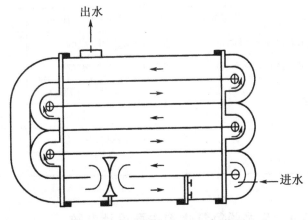

图 3-16　前置反硝化六廊道型

②氧化沟的直线最小长度不宜小于 12m 或水面宽度的 2 倍（不包括同心圆向心流氧化沟）。氧化沟的宽度应根据场地要求、曝气设备种类和规格确定。

③氧化沟的超高与选用的曝气设备性能有关,当选用曝气转刷、曝气转盘时,超高宜为 0.5m。当采用垂直轴表面曝气机时,在放置曝气机的弯道附近,超高宜为 0.6～0.8m,其设备平台宜高出设计水面 1.0～1.2m。

3.2.2.3　去除碳源污染物氧化沟设计参数

氧化沟处理城镇污水或水质类似城镇污水的工业污水,以去除可降解有机污染物为主时,主要运行工艺参数的调节可参考表 3-1。

表 3-1 去除碳源污染物主要设计参数

项目名称		符号	单位	参数值
反应池五日生化需氧量污泥负荷		L_s	kgBOD$_5$/(kgMLVSS · d)	0.25～0.50
			kgBOD$_5$/(kgMLSS · d)	0.10～0.25
反应池混合液悬浮固体平均浓度		X	kgMLSS/m³	3.0～5.0
混合液挥发性悬浮固体平均浓度		X_V	kgMLVSS/m³	1.5～3.0
MLVSS 在 MLSS 中所占比例	设初沉池	y	MLVSS/MLSS	0.7～0.8
	不设初沉池		MLVSS/MLSS	0.5～0.6
五日生化需氧量容积负荷		L_v	kgBOD$_5$/(m³ · d)	0.30～1.50
设计污泥泥龄(仅供参考)		θ_c	d	5～15
污泥产率系数	设初沉池	Y	kgVSS/kgBOD$_5$	0.3
	不设初沉池		kgVSS/kgBOD$_5$	0.6～1.0
需氧量		O$_2$	kgO$_2$/kgBOD$_5$	1.1～1.6
BOD$_5$ 总处理率		η	%	75～95

3.2.2.4 生物脱氮氧化沟主要设计参数

氧化沟处理城镇污水或水质类似城镇污水的工业污水,有脱氮要求时,该氧化沟一般设有缺氧区,主要工艺参数控制可参考表 3-2。

表 3-2 生物脱氮主要设计参数

项目名称	符号	单位	参数值
反应池五日生化需氧量污泥负荷	L_s	kgBOD$_5$/(kgMLVSS · d)	0.08～0.20
		kgBOD$_5$/(kgMLSS · d)	0.04～0.13
反应池混合液悬浮固体平均浓度	X	kgMLSS/m³	2.5～4.5
混合液挥发性悬浮固体平均浓度	X_V	kgMLVSS/m³	1.5～3.5

项目名称		符号	单位	参数值
MLVSS 在 MLSS 中所占比例	设初沉池	y	MLVSS/MLSS	$0.65 \sim 0.75$
	不设初沉池		MLVSS/MLSS	$0.5 \sim 0.65$
五日生化需氧量容积负荷		L_v	$kgBOD_5/(m^3 \cdot d)$	$0.12 \sim 1.50$
总氮负荷率			$kgTN/(kgMLSS \cdot d)$	$\leqslant 0.05$
设计污泥泥龄(仅供参考)		θ_c	d	$15 \sim 25$
污泥产率系数	设初沉池	Y	$kgVSS/kgBOD_5$	$0.3 \sim 0.6$
	不设初沉池		$kgVSS/kgBOD_5$	$0.5 \sim 0.8$
污泥回流比		R	%	$50 \sim 100$
混合液回流比		R_i	%	$100 \sim 400$
需氧量		O_2	$kgO_2/kgBOD_5$	$1.1 \sim 2.0$
BOD_5 总处理率		η	%	$90 \sim 95$
$NH_3\text{-}N$ 总处理率		η	%	$85 \sim 95$
TN 总处理率		η	%	$60 \sim 85$

3.2.2.5　生物脱氮除磷氧化沟设计

氧化沟要实现同时脱氮除磷功能,需要设置厌氧区(池)、缺氧区(池),同时去除氮、磷污染物的运行工艺参数可参考表 3-3。

表 3-3　生物脱氮除磷主要设计参数

项目名称	符号	单位	参数值
反应池五日生化需氧量污泥负荷	L_s	$kgBOD_5/(kgMLVSS \cdot d)$	$0.15 \sim 0.25$
		$kgBOD_5/(kgMLSS \cdot d)$	$0.07 \sim 0.15$
反应池混合液悬浮固体平均浓度	X	$kgMLSS/m^3$	$2.5 \sim 4.5$
混合液挥发性悬浮固体平均浓度	X_V	$kgMLVSS/m^3$	$1.5 \sim 3.0$

项目名称		符号	单位	参数值
MLVSS 在 MLSS 中所占比例	设初沉池	y	MLVSS/MLSS	0.65～0.7
	不设初沉池		MLVSS/MLSS	0.5～0.65
五日生化需氧量容积负荷		L_v	kgBOD$_5$/(m^3·d)	0.20～0.70
总氮负荷率			kgTN/(kgMLSS·d)	≤0.06
设计污泥泥龄(仅供参考)		θ_c	d	15～25
污泥产率系数	设初沉池	Y	kgVSS/kgBOD$_5$	0.3～0.6
	不设初沉池		kgVSS/kgBOD$_5$	0.5～0.8
污泥回流比		R	%	50～100
混合液回流比		R_i	%	200～400
需氧量		O_2	kgO$_2$/kgBOD$_5$	1.1～1.8
BOD$_5$ 总处理率		η	%	85～95
NH$_3$-N 总处理率		η	%	50～75
TN 总处理率		η	%	55～80

3.3　序批式活性污泥(SBR)工艺

20 世纪 70 年代初,美国诺特丹大学(University of Notre Dame)的 Irvine 教授及其同事对间歇进水、间歇排水的序批式活性污泥法进行了系统性的研究,并将此工艺命名为序批式活性污泥法(sequencing batch reactor,SBR),该工艺具有一系列优于传统活性污泥法的特点。

3.3.1　序批式活性污泥法工作原理

SBR 工艺是一种间歇运行的活性污泥法,通过对系统时间和空间上的控制调节,使调节、曝气、初沉、二沉、生物脱氮等过程集中于一池。由于污水大多集中于同一时段连续排放,且流量波动较大(如城市生活污水、化工废水等),SBR 工艺至少需要两个池子交替进水,才能保证污水连续流入反应器内。单个 SBR 池按周期运行,共分为进水、反应、沉淀、排水、闲置五个阶段,如图 3-17 所示。

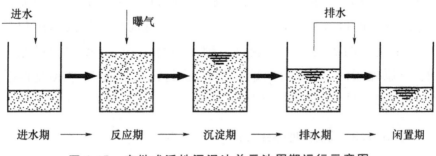

进水　　　　　　曝气　　　　　　　　　　　　　排水

进水期　——→　反应期　——→　沉淀期　——→　排水期　——→　闲置期

图 3-17　序批式活性污泥法单元池周期运行示意图

当进入的污水达到预定的容积后,根据反应需要达到的程度,进行曝气和搅拌,并确定反应时间的长短,必要时可投加药剂。经过沉淀后的上清液作为处理出水排放,沉淀的污泥作为种泥留在曝气池内,起到回流污泥的作用。

3.3.1.1　进水期(Fill)

污水在该时段内连续进入反应器,直至达到最高运行液位,并通过池底搅拌器使污水与反应器内残存的高浓度活性污泥混合液充分混合。此阶段有限制曝气、非限制曝气和半限制曝气三种运行方式,运行方式的选择取决于污水性质和处理要求。若进行限制曝气,则反应器起到均质调节池的作用,适用于无毒性、低浓度的污水。若反应器同时进水曝气,即非限制曝气,则可对高浓度污水起到缓冲调节作用,使系统耐冲击负荷。半限制曝气则指在进水后期进行曝气。

至于 SBR 工艺选用哪种运行方式应根据污水的性质确定。对于含易降解的有机污染物污水宜采用限制曝气进水方式,难降解的有机污水宜采用非限制进水方式。进水时间短对工艺运行效果有利,尤其对除磷有利。

3.3.1.2 反应期(React)

此阶段以曝气和混合搅拌为主,通过控制好氧、缺氧、厌氧的交替环境条件,达到不同的污水处理目的(COD、BOD 的去除、氮的硝化和反硝化、磷的吸收及释放)。通过在好氧条件下增大曝气量、反应时间及污泥龄,可强化有机污染物的降解、氮的硝化反应及聚磷菌的吸磷作用。通过在缺氧条件下充水(投加少量原污水)或添加碳源,以帮助反硝化反应顺利完成。通过池底搅拌器维持厌氧条件,实现聚磷菌厌氧释磷。

3.3.1.3 沉淀期(Settle)

沉淀期停止曝气、搅拌,使混合液静置沉淀,实现活性污泥混合液的泥水分离。本工序的静止沉淀效果要好于动态沉淀,沉淀时间一般为 1～2h。

3.3.1.4 排水期(Decant)

经静置沉淀后的上清液由滗水器排出,滗水器工作时间和排出水量以最低水位为准,剩余处理水作循环水和稀释水使用。剩余污泥通过底部污泥泵排出,大部分沉降活性污泥留作下一周期使用。排水时间宜为 1.0～1.5h。

3.3.1.5 闲置期(Idle)

反应器处于闲置状态,时间长短根据系统进水水质、水量的变化情况而定。此阶段可通过搅拌、曝气、静置保证活性污泥的活性,有时需要排放一定量的剩余污泥以防止污泥老化。

各工序的时间控制与最终处理指标的要求有关。如仅考虑有机物的处理效果,曝气时间可适当减少,以达到节能的目的;若考虑氮磷的去除,曝气时间至少需要 4h;若以处理工业污水及有毒有害污水为目标,建议采用短时间的搅拌加长时间的曝气。

3.3.2　序批式活性污泥法工艺特点

SBR 工艺流程简单,运行方式灵活,兼具完全混合式活性污泥法和推流式活性污泥法的特征,在时间上属于完全混合式,在空间流态上属于推流式。与传统活性污泥法系统相比,序批式活性污泥法处理系统具有以下特点。

①不需二沉池和污泥回流,节省设备及能耗。

②生化反应推动力大,有机物降解速率大,效率高,出水水质好。

③非限制曝气方式提高系统耐冲击负荷能力强,可处理有毒有害或高浓度有机废水。

④间歇曝气抑制丝状菌的繁殖,不易产生污泥膨胀。

⑤通过运行方式的调节控制,可在单一反应器内实现脱氮除磷。

⑥滗水器、pH、DO、氧化还原电位(oxidation-reduction potential,ORP)等在线自控仪表的应用,实现了工艺完全自动化控制。

3.3.3　序批式活性污泥反应器结构

序批式活性污泥反应器结构图如图 3-18 所示。一般为矩形池外形,包括进水装置、曝气装置、搅拌装置、出水装置(滗水器)、排泥装置等基本部件。其中,曝气装置和出水装置是工艺运行成功的关键。

序批式活性污泥反应器常用的曝气装置是微孔曝气器或射流曝气器。微孔曝气器具有较强的充氧能力,但需单独设置搅拌装置。新型同相射流曝气器的研发,使曝气器同时具有曝气和搅拌的功能,无须单独设置搅拌装置。

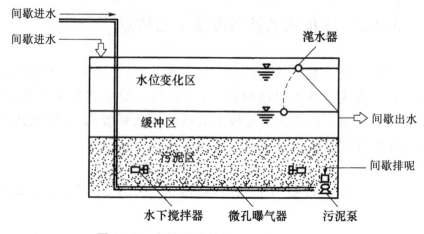

图 3-18　序批式活性污泥反应器结构图

　　序批式活性污泥反应器常用的出水装置是滗水器。由于 SBR 工艺采用间歇排水的方式运行,排水时间短、流量大,这就要求出水装置能够在短时间内大量排水,且对反应器内的污泥不造成扰动,因此需要特别的排水装置——滗水器。滗水器是一种能够随水位变化而调节出水口高度的出水堰,其出水口通常淹没在水面下一定深度。它的形式多种多样,从传动形式上可分为机械式、自动式;从运行方式上可分为虹吸式、浮筒式、套筒式、旋转式;从出水堰口形式上可分为直堰式和弧堰式。不同形式的滗水器应用的场合不同,大型污水处理厂多使用组合式滗水器,而小规模的污水处理厂则通常使用自动式滗水器。表 3-4 为各种滗水器的性能比较。

表 3-4　各种滗水器的性能比较

类型	优点	缺点
虹吸式滗水器	结构简单,运行可靠,造价及运行维护费用低	滗水深度难调整且深度低
浮筒式滗水器	结构简单,运行时不耗能,易维护	滗水量调节困难,影响滗水效果

类型	优点	缺点
套筒式滗水器	滗水负荷大,深度较大	结构较复杂,造价较高,套管可能卡阻而不能正常工作
旋转式滗水器	运行可靠,滗水负荷大,深度大,易自控	结构复杂,造价及维护费用高

3.4　合建式曝气池

活性污泥法处理污水时,将生物反应(即曝气)部分与沉淀部分合建在一个构筑物中的称为完全混合型合建式曝气池,简称合建式曝气池。其充氧方式采用表面曝气充氧,也可以采用鼓风曝气充氧。

3.4.1　圆形合建式曝气沉淀池的工艺流程

污水由池底进入曝气区与回流污泥的混合液充分而迅速地混合,然后在表面曝气机充氧的同时将进水和原有的混合液混合并提升,经回流窗通过导流室进入沉淀区进行泥水沉淀分离,沉淀分离出的水上升至沉淀区顶部的周边出水堰,溢流入出水槽后集中排放。沉淀于池底部的污泥,沿回流缝流入曝气区底部,大部分污泥经提升与原混合液混合重新进入再次运行,而剩余的污泥则排至池外。圆形合建式曝气沉淀池工艺流程见图 3-19。

圆形合建式曝气沉淀池将曝气反应与沉淀分离两部分合建在一个构筑物内,布置紧凑,流程短,有利于新鲜污泥及时回流,确保污泥活性好,又可以省去污泥回流设备。

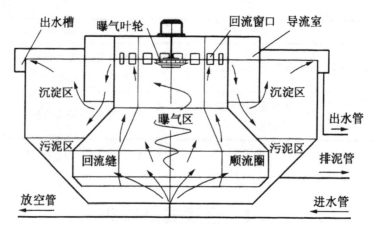

图 3-19 圆形合建式曝气沉淀池工艺流程

3.4.2 合建式曝气沉淀池设计要点

圆形合建式曝气沉淀池由曝气区、导流区、污泥区、沉淀区四部分组成,又辅以回流窗口、回流缝、曝气装置等,组成一个汇集曝气、沉淀于一体的综合性污水处理构筑物。

3.4.2.1 曝气区

曝气区是曝气沉淀池供氧、有机物被吸附氧化、活性污泥新陈代谢以及水、气、泥三相进行多功能相互作用的极为重要的区域。

曝气区的作用是:污水进入曝气区后迅速与回流污泥和混合液进行充分混合;在曝气叶轮的作用下向混合液内充氧并使污泥呈现悬浮状态;悬浮状态的活性污泥,在曝气区内吸收氧气的同时,又对污水中的有机物和氨氮进行氧化吸附分解,并进行细胞的合成与代谢。

曝气区内供氧的工具是表面曝气机,表面曝气机多采用泵 E 型曝气叶轮。曝气叶轮的主要功能除给混合液充氧外,还应有较大的提升能力,从而起混合污水和污泥的作用。因此,泵 E 型曝气叶轮基本上是一种低水头大流量的水泵叶轮。为达到上述要求,曝气池设计应注意以下问题。

(1)池深不能过大

为保证池底污泥不沉积,池深保持在 4.5m 以内,曝气叶轮直径在 1.5m 以内。

(2)曝气区内壁光滑不设立柱

曝气区内壁光滑不设立柱可以减少阻力,从而减少曝气叶轮运转的能耗。

(3)曝气区内不应设阻流板

曝气区内设阻流板的目的是希望破坏水中旋流,其实旋流已被回流窗口和导流区隔板所破坏,设置阻流板反而增加了曝气叶轮运转的能耗。

(4)曝气区内不应设导流圈

因设导流圈充氧效率无明显变化,有时反而增加了功率的消耗。

(5)曝气区的超高

曝气区的超高直接影响着曝气池顶部操作,如曝气区的超高不足,运转时水跃激起的水花将溅到安放电机的平台上,不但影响正常操作,还将减短电机寿命。一般曝气叶轮直径在 1m 以内,超高取 1m,否则,超高取值应大于 1.2m。

(6)操作平台梁底与水面的距离

如果操作平台梁底与水面的距离较低,曝气叶轮跃起的水花会冲击梁柱,降低了充氧效果。因此,在结合结构设计要求的同时,一并考虑梁的底面与水面的高度。

(7)曝气筒与回流缝交接处不能呈八角形

为保证回流污泥畅通,回流缝的宽度应保持均匀,池体结构设计时曝气区大多设计成八角形,而池体底部设计成圆形,这就造成底部的回流缝宽度不一致,回流缝狭窄处,污泥必然发生堵塞,大大影响了污泥回流。

(8)顺流圈底部直径应大于离心机体底部直径

为确保污泥回流畅通,回流缝处不积泥,顺流圈底部直径应大于池体底部直径 200～300mm。

3.4.2.2 回流窗口

曝气区的混合液经曝气叶轮提升和充分混合后,通过回流窗口进入导流区,起到削减旋流和整流污水的作用。理论上回流窗口数量越多宽度越大,导流区内流速就越均匀,气水分离效果也就越好,实际上,在工程中是做不到的。在运转过程中,根据进水水质和水量的变化,需经常调节曝气叶轮的线速度,调节一次线速度,就必须调整一次回流窗口开启度。线速度越大,回流窗口的开启度越小;线速度越小,回流窗口的开启度越大。调整回流窗口的目的是使回流倍数恰当,导流区气水分离彻底,沉淀区运转稳定。一般回流窗口设在水流方向的偏上方为宜。为增加导流区高度和气水分离时间,回流窗口的闸板应由下向上启闭。为便于施工,应避免回流窗口过多、过宽和过高。一般整池的回流窗口不宜超过 24 个,回流窗口总宽度与曝气筒周长之比为0.3～0.4。图 3-20 为回流窗口开启示意图。

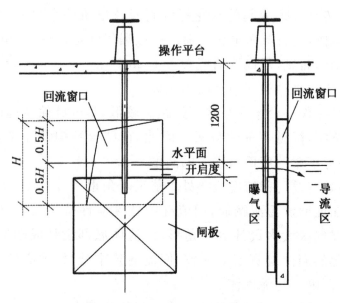

图 3-20 回流窗口开启示意图

3.4.2.3　导流区与导流隔板

污水在曝气区内与回流污泥充分混合和吸附氧化后流入导流区,在导流区进行凝聚和气水分离,这样,就使污水在沉淀区内运转更趋稳定。

导流隔板是在导流区内设置的若干道隔板,它的设置可以避免混合液绕池体轴线出现的旋转和旋流,有利于气水和泥水的分离。

设计导流区时应注意以下问题。

(1)导流区内水流下降速度和宽度

导流区内水流下降速度必须小于气泡下降速度,即 $v_下 \leqslant 8mm/s$,水在其中的停留时间不得少于 2.5min。但在运转中由于水量、水质、水温和 pH 等因素的变化,需经常调整回流倍数来提高充氧效率,因此,导流区的设计中水流下降流速多采用 $5\sim7m/s$,水流停留时间多采用 $4\sim6min$。按上述要求,对不同直径的曝气沉淀池,其导流区的宽度及导流隔板块数建议采用表 3-5 数据。

表 3-5　导流区宽度及导流隔板块数推荐数据

序号	曝气沉淀池直径/m	导流区宽度/m	导流隔板数/块
1	8.5	600	12
2	12	700	16
3	14	700	20
4	15	800	20
5	16	800	24
6	17	900	24

(2)回流倍数

回流倍数取决于混合液污泥浓度和回流污泥浓度,回流污泥浓度与污泥指数(SVI)有关。

当导流区下降速度选定后,回流倍数就决定了导流区的宽度,同时也决定了导流区外壁的高度。对于合建式曝气沉淀池,一般回流倍数在 4～10 倍,十分有利于平衡混合液的污泥浓度,因此,对于合建式曝气沉淀池回流倍数不再是很重要的问题。

(3)合建式曝气沉淀池充氧效率与导流区宽度的关系

曝气区立壁与导流筒壁关系图见图 3-21。

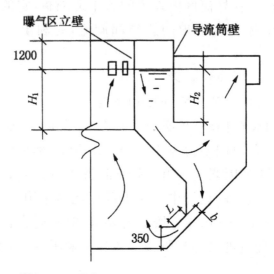

图 3-21 曝气区立壁与导流筒壁关系图

合建式曝气沉淀池因受到导流区水流下降速度的控制,运转时不能打开回流窗。因为所有回流窗口的闸板,需要按照曝气叶轮不同的线速度随时调整回流窗口的开启度,实际运转时的充氧量要比大开启时测得的充氧量小得多,一般仅为 59％～60％,而输入的功率却为 73％～81％。

在池径、池深、叶轮直径、叶轮线速度等条件相同的情况下,回流窗口开得越大,则回流倍数越大,充氧量也越大,而运转时的开启度的充氧量与打开回流窗的充氧量的差值却越小。当导流区设计宽度大一些时,通过的回流量也就大一些,充氧量就相应大一些,提高了动力效率,但势必加大了池径,反而增加了基建投资。因此,如何将池体设计得经济合理,须在设计时进一步做方案比较来确定。

（4）导流区出口尺寸

混合液经导流区出口后由于速度减缓将分为两路,一路进沉淀分离区,另一路进入底部沉淀区。为了不影响泥水分离,要求导流区出口流速小于导流区内流速,因此要求导流区高度 h_D<曝气区高度 h_P,其差值在 $h_P-h_D=200mm$ 即可满足要求。为防止污泥沉积,曝气筒斜锥面的倾斜角度为 45°时污泥就不会停留下来。

（5）消除导流区内积泥点

因为结构设计的需要,导流区内会有导流板、柱、梁等构件,存在一些凹凸不平的面,容易产生局部污泥阻流和积泥,因为积泥会引起污泥厌气分解,不利于曝气沉淀池稳定运行。为了消除这些现象,最简便的办法就是在这些构件交会点,采用混凝土和水泥砂浆将构件交会点填抹成 45°～50°的斜面。

3.4.2.4　沉淀区

沉淀区的作用是使曝气后的混合液进行泥水分离。泥水分离的好坏将直接影响出水水质。如出水中带泥,回流污泥浓度将降低,在相同回流比的情况下,就会降低曝气区内的混合液浓度,使污泥负荷降低,甚至会引起污泥膨胀。为此,设计沉淀区时必须注意以下几点。

（1）选择适当的表面负荷和上升流速

上升流速（v_s）与污泥浓度（MLSS）、污泥指数（SVI）和污水水质有着直接的关系。

污泥浓度越大泥水分离就越困难,选择上升流速时必须考虑采用相应的污泥浓度。一般上升流速采用 0.3～0.5mm/s,为了经济合理地设计曝气池,使泥水分离彻底,混合液污泥浓度应适当提高些,一般污泥浓度采用 3～5g/L,当水质浓度高时取大值,而低时取小值,这样运转比较稳定。

为了简化设计计算,多采用沉淀区的表面负荷率作为控制数,即沉淀区每平方米面积上每小时所负担的污水量,单位为

$m^3/(m^2/h)$，符号为 q。它与上升流速的关系为 $q = 3.6 \times v_s m^3/(m^2/h)$。

（2）导流区的过水断面

为防止气水分离不彻底而影响沉淀区运转稳定，导流区的过水断面不能设计得太小。

（3）沉淀区的高度

为保证污泥沉淀过程中使颗粒间相互碰撞能形成较大的絮凝体，有利于提高沉降的效果，适当加大沉淀区高度是必要的。沉淀时间（t）应不低于 1.5h，在池体结构允许的条件下，沉淀区高度（h）在 1.6~1.8m 较为适宜。

（4）沉淀区出水堰

沉淀区出水堰顶一定要水平，它的高低将直接影响曝气沉淀池的运转，出水过多的部位不利于泥水分离，影响出水水质。不出水部位的池底将有污泥厌气分解现象，水面将漂浮大片黑泥。因为结构的原因池体在使用数年后会有不同程度的倾斜，因此在设计时，沉淀区出水堰就应设计成可微调型，以保持堰顶始终处于水平状态。

3.4.2.5 污泥区

污泥区的主要作用是使污水经沉淀后所产生的澄清的水通过溢流堰排出曝气池，经分离的污泥进入污泥区进行浓缩，为污泥回流做好准备。对于污泥区的容积无须进行计算，因污泥区的容积决定于合理的池型和各部分恰当的尺寸。

污泥区另一个作用是储存剩余污泥，定期排泥或连续排泥应根据污泥浓缩池的运转情况而定。

3.4.2.6 顺流圈和回流缝

顺流圈的作用是避免因曝气机强烈搅动而引起沉淀区底部污泥回流至曝气区时所带来的干扰。顺流圈长度过长，将会增加污泥回流时的阻力及因回流不畅而造成的污泥沉积或堵塞。顺流圈长度过短,将会使沉淀区外沿一圈有气泡带泥出池。一般顺流圈长度采用 600mm,顺流圈底离池底间距采用 350mm。

回流缝的宽度采用 180mm,回流缝内流速采用 15~20mm/s。

3.4.2.7　进出水管设计

进水管设置在池体底部的中部,目的是使进水能迅速地与池内的混合液混合。

出水管设置在周边溢流槽的某一点或两点处。通常出水管上应设阀门,目的是在曝气沉淀池闷曝、培养细菌、测定充氧量时使用,有时因出水三角堰与池体结合不好时,出水管上的阀门可以控制池内水位的高低,从而减少了池内缺氧现象发生。

培养细菌阶段需要将污泥沉淀后放进清水。当处理工业污水的污泥中毒时,需要更换一部分污水并进行稀释,因此,一般需设置半放空管,半放空管设在水深的 1/3 处。为使曝气区内生物的代谢产物能及时排除,半放空管池内部分的不同区域管段上,尚需开设 2~3 个孔。半放空管一般采用 DN200 的钢管。

为便于清扫池体,应在曝气沉淀池底部设置放空管。放空管一般采用 DN200 的钢管。

3.4.2.8　曝气沉淀池各区的计算流量

(1)容积负荷计算流量

按不同条件有以下两种计算方法。

①当处理系统中曝气时间长,且最大日污水量的时变化系数较大时,计算流量公式为

$$Q_j = \frac{Q_d}{24} \tag{3-1}$$

式中,Q_j 为进水量,单位为 m^3/h;Q_d 为最大日污水量,单位为 m^3/d。

②当设计采用曝气时间不长或一日内的时变化系数大时,容积负荷计算流量采用与曝气时间相当的连续最高流量的平均值。

（2）回流窗口和导流区的计算流量

$$Q_j = (n+1)Q_d \qquad (3-2)$$

式中，Q_j 为回流管口进水量，单位为 m^3/h；Q_d 为最大日进水量，单位为 m^3/d；

$$Q_d = Q_p \times K \qquad (3-3)$$

Q_p 为平均时流量，单位为 m^3/h；K 为时变化系数；n 为回流倍数。

（3）回流缝计算流量

$$Q_j = nQ_d \qquad (3-4)$$

（4）沉淀区计算流量

$$Q_j = Q_d \qquad (3-5)$$

（5）曝气区有效容积

计算曝气区有效容积有两种方法：

①曝气区包括污泥区、导流区、曝气区。凡是有溶解氧和活性污泥存在的区域，均作为曝气区容积来计算。

②曝气区仅包括导流区和曝气区本身。由于所服务的企业排出的污水水质、水量都在不断变化，有时由于污泥区缺氧起不到曝气作用，因此主张把污泥区的潜力留作机动，作为出现不可预见情况时的缓冲部分。

根据实践效果检验，后者的考虑较妥善，因此，一般采用后者来计算曝气池容积。

3.5　生物膜法处理工艺

3.5.1　生物膜处理的基本原理

生物膜法是利用附着生长于某些固体物表面的微生物（即生物膜）进行有机污水处理的方法。生物膜法与活性污泥法在去除机理上有一定的相似性，但又有区别，生物膜法主要依靠固着于载体表面的微生物膜来净化有机物,而活性污泥法是依靠曝气池中悬浮流动着的活性污泥来分解有机物的。

3.5.1.1　生物膜降解有机物的原理

图 3-22 所示为滤料表面生物膜的构造和生物膜净化污水的机理。由于生物膜的吸附作用,在其表面有一层很薄的水层,称为附着水层。这层水中的有机物大部分已经被生物膜所氧化,其有机物浓度比进水的浓度低得多。因此,当进入池内的污水沿膜面流动时,由于浓度差的作用,有机物会从污水中转到附着水层中去,并进一步被生物膜所吸附。同时,空气中的氧也将经过污水而进入生物膜。膜上的微生物在氧的参与下对有机物进行分解和进行机体新陈代谢。其中一部分有机物被转化为细胞物质,繁殖生长,成为生物膜中新的活性物质;另一部分物质转化为排泄物,在转化过程中放出能量,产生的二氧化碳和其他的代谢产物则沿着底物扩散相反的方向从生物膜经过附着水层排到污水和空气中。如此反复最终达到净化水质的目的。

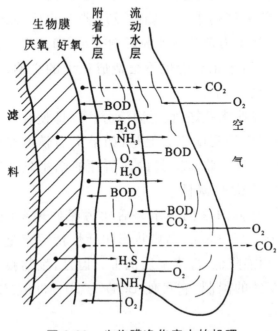

图 3-22　生物膜净化废水的机理

3.5.1.2　生物膜工艺处理的主要特点

与活性污泥法相比,生物膜法具有以下特征。

(1)生物相特征

①生物膜法的生物相呈膜状,附着于介质表面,生态系统稳定,种群丰富,除了大量的细菌、原生动物、真菌、藻类和后生动物外,还能栖息一些增殖速度慢的其他无脊椎动物,形成复杂稳定的复合生态系统。因此,在生物膜上形成的食物链要长于活性污泥上的食物链。

②能够存活世代时间较长的微生物。生物膜附着在滤料或填料上,其生物固体平均停留时间(污泥龄)较长,因此在生物膜上世代时间较长、增殖速度较慢的微生物能够生长,如硝化菌、亚硝化菌等。生物污泥的生物固体平均停留时间与污水的停留时间无关。

(2)工艺特征

①抗冲击负荷能力强。生物膜法的各种处理工艺,对原水水质、水量变动都有较强的适应性,操作稳定性好,抗冲击负荷能力强,并能处理低浓度污水。生物膜反应器受水质、水量变化而引起的有机负荷和水力负荷波动的影响较小,即使有一段时间中断进水,对生物膜的净化功能也不会造成很大的影响,通水后能够较快地得到恢复。

②污泥沉降性能良好,宜于固液分离。即使存在大量增殖丝状菌,也不会产生污泥膨胀。但是,如果生物膜内部形成的厌氧层过厚,在其脱落后,将有大量的非活性的细小悬浮物分散于水中,使处理水的澄清度降低。

③能够处理低浓度的污水。活性污泥处理系统中,如进水BOD值长期在 $50\sim60\text{mg/L}$,则将影响活性污泥絮凝体的形成和增长,使净化功能降低,出水水质低下。但是,生物膜法处理系统不受进水浓度低的限制,它可使 BOD 为 $20\sim30\text{mg/L}$ 的污水降解到 $5\sim10\text{mg/L}$。

④运行简单、节能、易于维护管理。生物膜处理法中的各种

工艺都是比较易于维护管理的,而且生物滤池、生物转盘等工艺都是节省能源的。

⑤产生的污泥量少。这是生物膜处理法各种工艺的共同特性,并已为实践所证实。一般说来,生物膜处理法产生的污泥量较活性污泥处理系统少 1/4 左右。

⑥在低水温条件下,也能保持一定的净化功能。由于生物膜相的多样化,在低水温条件下,生物膜仍能保持较为良好的净化功能,温度的变化对它的影响较小。

⑦具有较好的硝化与脱氮功能。生物膜的各项工艺具有良好的硝化功能,如果采取的措施适当,还有脱氮功能。

⑧投资费用较大。生物膜法需要填料和支撑结构,投资费用较大。

3.5.2　生物接触氧化工艺

生物接触氧化工艺是一种于 20 世纪 70 年代初开创的污水处理技术,其技术实质是在反应器内设置填料,经过充氧的污水浸没全部填料,并以一定的流速流经填料,从而使污水得到净化。

3.5.2.1　生物接触氧化工艺流程

(1)一段(级)处理流程

如图 3-23 所示,原污水经初次沉淀池处理后进入接触氧化池,经接触氧化池处理后进入二次沉淀池,在二次沉淀池进行泥水分离,从填料上脱落的生物膜在这里形成污泥排出系统,澄清水则作为处理水排放。

(2)二段(级)处理流程

二段(级)处理流程(见图 3-24)的每座接触氧化池的流态都属于完全混合型,而结合在一起考虑又属于推流式。

废水通过调节池进入一级接触氧化池,后经沉淀池进行泥水分离,上清液先后进入二级接触氧化池,最后由二次沉淀池进行泥水分离,上清液排出,污泥排放。此工艺延长了反应时间,提高了处理效率。

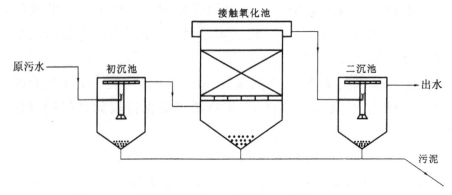

图 3-23　生物接触氧化工艺技术一段(级)处理流程

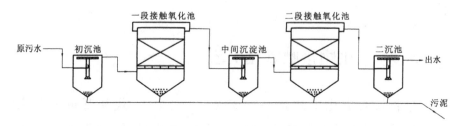

图 3-24　生物接触氧化工艺技术二段(级)处理流程

(3)多段(级)处理流程

多段(级)处理流程如图 3-25 所示,是由连续串联的 3 座或 3 座以上的接触氧化池组成的系统。本系统从总体上来看,其流态应按推流式考虑,但每一座接触氧化池的流态又属完全混合型。

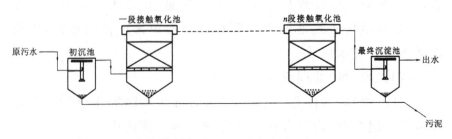

图 3-25　生物接触氧化工艺技术多段(级)处理流程

3.5.2.2 生物接触氧化池的结构与特点

(1)生物接触氧化池的构造

生物接触氧化池是由池体、填料床、支架、曝气装置、进出水装置以及排泥管道等部件所组成,如图 3-26 所示。

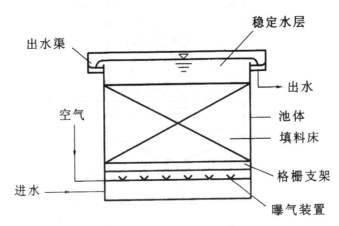

图 3-26 生物接触氧化池构造图

①池体。

生物接触氧化池的池体在平面上多呈圆形和矩形(或方形),进水端应有防止短流措施,出水一般为堰式出水,池体一般用钢板焊接制成或用钢筋混凝土浇灌砌成,各部位的尺寸为:池内填料高度为 3.0～3.5m;底部曝气层高为 0.6～0.7m;顶部稳定水层 0.5～0.6m,总高度约 4.5～5.0m。

②填料床。

填料床是生物接触氧化池的主要组成部分,填料床内应填充比表面积大、孔隙率高的填料。目前常用的填料主要有蜂窝状填料、波纹板填料及软性与半软性填料等,也有些处理厂仍采用砂粒、碎石、无烟煤、焦炭、矿渣及瓷环等无机填料。

生物接触氧化池中的填料可采用全池布置,底部进水,整个池底安装曝气装置,曝气管布置在池子中心,中心曝气,如图 3-27 所示;或单侧布置,上部进水,侧面曝气,如图 3-28 所示。填料全池布置、全池曝气的形式,由于曝气均匀,填料不易堵塞,氧化池容积利用率高,是目前生物接触氧化法采用的主要形式。但不管哪种形式,曝气池的填料应分层安装。

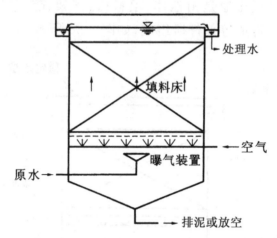

图 3-27　中心曝气的生物接触氧化池

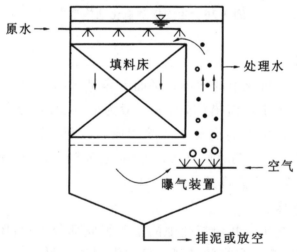

图 3-28　侧面曝气的生物接触氧化池

③曝气装置。

曝气装置多采用穿孔管曝气,孔眼直径为 5mm,孔眼中心距为 10cm 左右。曝气管可设在填料床下部或一侧,并将孔眼做均匀布置,空气则来自鼓风机或射流器。在运行中要求曝气均匀。

当填料床发生堵塞时可适当加大气量及提高冲洗能力。当采用表曝机供氧时,填料床堵塞时要加大转速,加快循环回流,提高冲刷能力。

④进出水装置。

进水装置一般采用穿孔管进水,穿孔管上孔眼直径为 5mm,间距为 20cm 左右,水流喷出孔眼流速为 2m/s。穿孔管可直接设在填料床的上部或下部,使污水均匀布入填料床,污水、空气和生物膜三者之间相互均匀接触可提高填料床的工作效率。出水装置可根据实际情况选择堰式出水或穿孔管出水。

(2)生物接触氧化工艺的特点

生物接触氧化法是介于活性污泥法和生物膜法之间的污水生物处理技术,兼有活性污泥法和生物膜法的特点,具有下列优点。

①由于填料的比表面积大,池内的充氧条件良好。生物接触氧化池内单位容积的生物固体量高于活性污泥法曝气池及生物滤池。因此,生物接触氧化池具有较高的容积负荷。

②生物接触氧化法不需要污泥回流,不存在污泥膨胀问题,运行管理简便。

③由于生物固体量多,水流又属于完全混合型,因此生物接触氧化池对水质、水量的骤变有较强的适应能力。

④生物接触氧化池有机容积负荷较高时,其 F/M 保持在较低水平,污泥产率较低。

3.5.3　生物滤池工艺

生物滤池是 19 世纪末发展起来的,是以土壤自净原理为依据,在污水灌溉的实践基础上建立起来的人工生物处理技术。它是利用需氧微生物对污水或有机性污水进行生物氧化处理的方法。

3.5.3.1 生物滤池工艺流程

(1)生物滤池的基本工艺流程

生物滤池法的基本流程由初沉池、生物滤池、过滤器(或沉淀池)组成。进入生物滤池的污水,须通过预处理,去除悬浮物、油脂等会堵塞滤料的物质,并使水质均化稳定。一般在生物滤池前设置初沉池,也可以根据污水水质采取其他方式进行预处理。污水进入生物滤池后,水中的有机物与生物膜上的微生物接触,经微生物氧化分解得以去除,脱落的生物膜与处理后的污水一道进入过滤器,去除脱落的生物膜等悬浮物,以保证出水水质,其工艺流程图如图 3-29 所示。

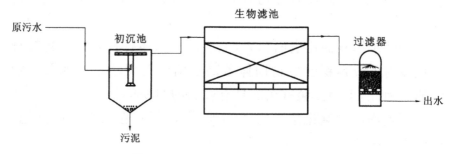

图 3-29 生物滤池基本工艺流程

(2)高负荷生物滤池的工艺流程

在普通生物滤池的基础上人们通过采用新材料,革新流程,提出了各种形式的高负荷生物滤池,使负荷比普通生物滤池提高数倍,池子体积大大缩小。回流式生物滤池、塔式生物滤池属于该类型滤池。它们的运行比较灵活,可以通过调整负荷和流程,得到不同的处理效率。

图 3-30 是单池系统的几种具有代表性的流程。图 3-30(a)中将生物滤池出水部分回流至生物滤池进行再次处理,不仅有助于提高出水水质,而且有利于生物滤池的接种,促进生物膜的更新;图 3-30(b)将处理后的出水回流至生物滤池,可对滤池进水进行稀释,保证处理效果,适用于小流量有机负荷较高的污水处理。

由于生物固着生长,不需要回流接种,因此,在一般生物过滤中无二次沉淀池污泥回流。但是,为了稀释原废水和保证对滤料层的冲刷,一般生物滤池(尤其是高负荷滤池及塔式生物滤池)常采用出水回流。

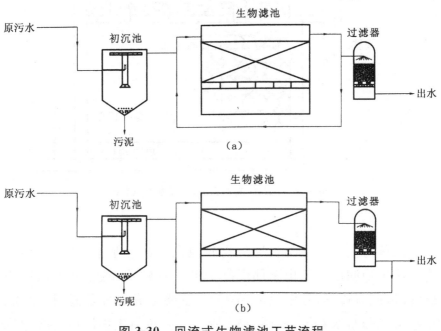

图 3-30　回流式生物滤池工艺流程

3.5.3.2　生物滤池的种类

(1)普通生物滤池

普通生物滤池又叫低负荷生物滤池或滴滤池,是生物滤池早期出现的形式,主要由池体、滤料、布水装置和排水系统四部分组成,如图 3-31 所示。

普通生物滤池一般适用于处理每日污水量不大于 $1000m^3$ 的小城镇污水和有机工业污水,具有净化效率高、处理效果好(BOD$_5$ 去除率可达 95% 以上,出水 BOD$_5$ 可下降到 25mg/L 以下)、基建投资省、运行稳定、易于管理和节省能源的特点。但它负荷低,占地面积大,不适于处理水量较大的污水,且其冲刷力不足,易引起滤料内生物膜积累和堵塞,从而影响滤池内的通风,运行过程中会产生滤池蝇,因此其应用受到了限制。

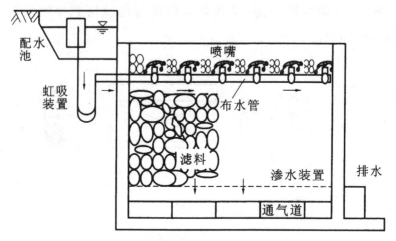

图 3-31　普通生物滤池的结构示意图

（2）高负荷生物滤池

高负荷生物滤池与普通生物滤池在构造上基本相同,常用的高负荷生物滤池一般由钢筋混凝土或砖石砌筑而成,池平面有矩形、圆形或多边形,其中以圆形为主,主要组成部分是滤料、池壁、排水系统和布水系统,如图 3-32 所示。高负荷生物滤池与普通生物滤池的不同之处主要有:滤池多为圆形,布水装置采用连续工作的旋转式布水器。

高负荷生物滤池具有如下特点。

①高负荷生物滤池处理城市污水的有机负荷率为 $1.1kgBOD_5/(m^3 \cdot d)$ 左右。

②布水比较均匀,淋水周期短,水力冲刷作用强。缺点是喷水孔易堵塞。

③生物膜经常剥落、更新,并连续地随污水排出池外。

④池内不易出现硝化反应,出水中没有或很少有硝酸盐。

⑤二次沉淀池的污泥呈褐色,没有完全氧化,容易腐化。

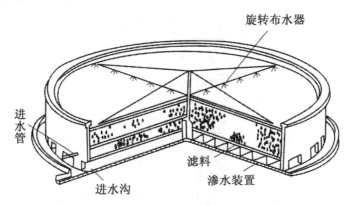

图 3-32　高负荷生物滤池的结构示意图

⑥滤池进水的 BOD_5 必须低于 200mg/L,否则应采用处理水回流稀释。

⑦高负荷生物滤池的去除率较低,处理城市污水时 BOD_5 去除率为 75%～90% 左右。

⑧高负荷生物滤池占地面积小,投资费用低,卫生条件好,适于处理浓度较高、水质和水量波动较大的污水。

(3)塔式生物滤池

塔式生物滤池的负荷很高,由于塔式生物滤池生物膜生长快,没有回流,为防止滤料堵塞,采用的滤池面积较小,以获得较高的滤速。滤料体积是一定的,相对于普通生物滤池,面积缩小使高度增大而形成塔状结构,故称为塔式生物滤池。一般高达 8～24m,直径 1～3.5m,径高比介于 1∶6～1∶8,呈塔状。平面上多呈圆形,由塔身、滤料、布水系统、通风和排水装置组成,其结构参见图 3-33。

塔式生物滤池具有如下特点。

①通风效果好,充氧能力强,污染物质传质速度快,降解能力强。

②负荷率高,一般为高负荷生物滤池的 2～10 倍,生物膜更新速度快。

③滤层存在分层现象,生物菌种丰富,有利于微生物的增殖代谢。

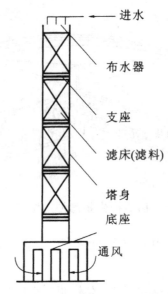

进水

布水器

支座

滤床(滤料)

塔身

底座

通风

图 3-33　塔式生物滤池的结构示意图

④滤池进水的 BOD_5 必须低于 $500mg/L$，否则应采用处理水回流稀释。

⑤塔式生物滤池对城市污水的 BOD_5 去除率为 $65\%\sim85\%$。

⑥塔式生物滤池占地面积小，投资运行费用低，耐冲击负荷能力强，适于处理浓度较高的污水。

3.6　升流式厌氧污泥床(UASB)工艺

升流式厌氧污泥床(upflow anaerobic sludge bed,UASB)是第二代废水厌氧生物处理反应器中典型的一种。由于在 UASB 反应器中能形成产甲烷活性高、沉降性能良好的颗粒污泥，因而 UASB 反应器具有很高的有机负荷。

3.6.1　UASB 反应器的工作原理

UASB 反应器的结构如图 3-34 所示，其主体可分为两个区

域,即反应区和气、液、固三相分离区。在反应区下部是厌氧颗粒
污泥所形成的污泥床,在污泥床上部是浓度较低的悬浮污泥层。
当反应器运行时,待处理的废水以 0.5～1.5m/h 的流速从污泥床
底部进入后与污泥接触,产生的沼气以气泡的形式由污泥床区上
升,并带动周围混合液产生一定的搅拌作用。污泥床区的松散污
泥被带入污泥悬浮层区,一部分污泥相对密度加大,沉入污泥床
区。悬浮层混合液的污泥松散,颗粒相对密度小,污泥浓度较低。
积累在三相分离器上的污泥絮体滑回反应区,这部分污泥又可与
进水有机物发生反应,在重力作用下泥、水分离,污泥沿斜壁返回
反应区,上清液从沉淀区上部排走。

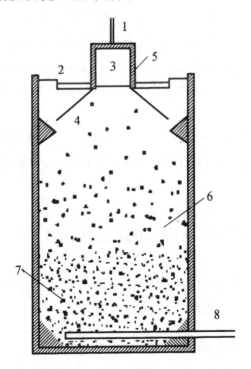

1—沼气管;2—出水堰;3—气室;4—气体反射板;5—三相分离器;
6—污泥悬浮层;7—颗粒污泥床;8—进水管。

图 3-34　UASB 反应器工作原理示意图

3.6.2　UASB 反应器的特点

除了污泥颗粒化外,UASB 反应器还具有以下特点。

①反应器内污泥浓度高。一般平均污泥浓度为 30～40g/L,其中底部污泥床污泥浓度达 60～80g/L,悬浮层污泥浓度为 5～7g/L。

②污泥床内不填载体,节省造价及避免堵塞问题。

③反应器中污泥泥龄长,污泥表观产率低,所排出的污泥数量极少,从而降低了污泥处理的费用。

④污泥床内生物量多,折合浓度计算可达 20～30g/L。

⑤容积负荷率高,在中温发酵条件下,可达 10kgCOD/(m³·d),废水在反应器内水力停留时间较短,所需池容大大缩小。其主要原因是在反应器内以产甲烷菌为主体的厌氧微生物形成了 1～5mm 的颗粒污泥。

⑥设备简单,运行方便,无须另设沉淀池和污泥回流装置,不需充填填料,反应区内不需设机械搅拌装置,造价相对较低,无堵塞问题。

3.6.3　UASB 反应器的启动与运行

当厌氧污泥接种培养和驯化结束后,还应进行以确定最佳运行为目的的投产初期操作试运行工作。

3.6.3.1　污泥接种与驯化

(1)接种菌种和营养物

在选择接种时应尽量采用与所处理废水相似的污泥作为接种物,以缩短启动时间。一般可选择消化池污泥、厌氧污泥、好氧污泥等。

（2）污泥驯化

污泥投加完毕后，厌氧微生物对反应器的温度、pH 等外部环境要有一个适应过程，这个阶段称为污泥的驯化。污泥接种完毕后，开启循环将反应器中温度提升至所需温度，温度上升不能过快，应控制在 $2\sim3℃/d$。

当厌氧污泥培养成熟，即可在进水中加入并逐渐增加工业废水的相对密度，使微生物在逐渐适应新的生活条件下得到净化。开始时可按设计流量的 $10\%\sim20\%$ 加入，让微生物巩固适应，达到较好的处理效果后，再继续增加其相对密度。

（3）颗粒污泥的形成过程

所谓污泥颗粒化是指床中的污泥形态发生了变化，由絮状污泥变为密实、边缘圆滑的颗粒，这样污泥床内可维持很高的污泥浓度。其形状呈卵形、球形、丝状等，平均直径为 1mm，一般为 $0.1\sim2mm$，最大可达 $3\sim5mm$；颜色多为黑色、灰色、灰白色，其他还有淡黄色、暗绿色、红色等。

3.6.3.2　UASB 反应器投产初期的操作

（1）投产初期操作原则

①选取性能优良接种污泥，以保证反应器有较好的微生物种源。

②污泥中存在一些可供细菌附着的载体物质颗粒，有利于刺激和启动污泥颗粒化过程。

③添加部分颗粒污泥或破碎颗粒污泥可加快污泥颗粒化进程。

④控制合适的反应器环境，以促进厌氧细菌的繁殖。

⑤控制工艺条件，以促进污泥的颗粒化。

（2）UASB 反应器启动的要点

UASB 反应器启动的要点包括以下几点。

①接种 VSS 污泥量为 $12\sim15kg/m^3$（中性）。

②初始污泥 COD 负荷率为 $0.3\sim0.5kgCOD/(kg \cdot d)$。

③当进水 BOD 浓度大于 5000mg/L 时,采用出水循环或稀释进水。

④保持乙酸质量浓度约为 800~1000mg/L 时,采用出水循环或稀释进水。

⑤允许稳定性差的污泥流失。

⑥截留住重质污泥。

3.6.3.3 缩短 UASB 反应器启动时间的新途径

针对反应器启动时间较慢这一特点,可采用以下有效措施缩短其启动时间。

(1)投加无机凝聚剂或高聚物

方法是向进水中投加养分、维生素和促进剂等,目的是保证反应器内的最佳生长条件。研究表明,在 UASB 反应器启动时,在反应器内加入质量浓度为 750mg/L 的亲水性高聚物,能够加速颗粒污泥的形成,从而缩短时间。

(2)投加细微颗粒物

在 UASB 启动初期,向反应器中投加适量的微细颗粒物,如黏土、陶粒、颗粒活性炭等,有利于缩短颗粒污泥的出现时间,但投加过量的惰性颗粒会在水力冲刷和沼气搅拌下相互撞击、摩擦,造成强烈的剪切作用,阻碍初成体的聚集和黏结,对于颗粒污泥的成长有害无益。而在反应器中投加少量陶粒、颗粒活性炭等,启动时间明显缩短,这部分颗粒物的体积占反应器有效容积的 2%~3%。

第4章 污水生物脱氮除磷技术

传统的活性污泥法只是用于 COD 和 SS 的去除,无法有效地去除废水中的氮和磷。氮和磷是微生物生长的必需物质,但是过量的氮和磷造成湖泊等水体的富营养化,处理水作为灌溉水时可使作物贪青。

4.1 生物脱氮除磷基本原理及影响因素

4.1.1 生物脱氮原理及影响因素

4.1.1.1 传统生物脱氮原理

(1)氨化反应

在未经处理的生活污水中,含氮化合物存在的主要形式有:有机氮,如蛋白质、氨基酸、尿素、胺类化合物等;氨态氮有 NH_3 或 NH_4^+。一般以有机氮为主。

含氮化合物在好氧或厌氧微生物的作用下,均可转化为氨态氮,其反应式如下。

好氧条件 $\begin{cases} \text{氧化脱氨} & RCHNH_2COOH \xrightarrow{+O_2} RCOCOOH + CO_2 + NH_3 \\ \text{水解脱氨} & (NH_2)_2CO \xrightarrow{+2H_2O} CO_2 + H_2O + 2NH_3 \end{cases}$

厌氧条件 $\begin{cases} \text{还原脱氨} & RCHNH_2COOH \xrightarrow{+2[H]} RCH_2COOH + NH_3 \\ \text{水解脱氨} & RCHNH_2COOH \xrightarrow{+H_2O} RCOHCOOH + NH_3 \\ \text{脱水脱氨} & CH_2(OH)CH(NH_2)COOH \xrightarrow{-H_2O} CH_3COCOOH + NH_3 \end{cases}$

（2）硝化反应

硝化反应是由自养型好氧微生物完成的，它包括两个步骤：第一步是由亚硝酸菌将氨氮转化为亚硝态氮（NO_2^-）；第二步则由硝酸菌将亚硝态氮进一步氧化为硝态氮（NO_3^-）。这两类菌统称为硝化菌，它们利用无机碳化物如 CO_3^{2-}、HCO_3^- 和 CO_2 作碳源，从 NH_3、NH_4^+ 或 NO_2^- 的氧化反应中获取能量，两步反应均需在有氧的条件下进行。亚硝化和硝化反应式（硝化＋合成）为

$$NH_4^+ + 1.383O_2 + 1.982HCO_3^- \xrightarrow{\text{亚硝酸菌}} 0.018C_5H_7O_2N$$
$$+ 0.982NO_2^- + 1.036H_2O + 1.892H_2CO_3$$
$$NO_2^- + 0.003NH_4^+ + 0.01H_2CO_3 + 0.005HCO_3^-$$
$$+ 0.485O_2 \xrightarrow{\text{硝酸菌}} 0.03C_5H_7O_2N + 0.008H_2O + NO_3^-$$

硝化总反应式（硝化＋生物合成）为

$$NH_4^+ + 1.98HCO_3^- + 1.86O_2 \longrightarrow 0.021C_5H_7O_2N$$
$$+ 1.04H_2O + 0.98NO_3^- + 1.88H_2CO_3$$

硝化过程的重要特征如下。

①硝化菌（硝酸菌和亚硝酸菌）分别从氧化 NH_3、NH_4^+ 和 NO_2^- 的过程中获得能量，碳源来自 CO_3^{2-}、HCO_3^- 和 CO_2 等。

②硝化反应在好氧状态下进行，DO$\geqslant$2mg/L，1g NH_3-N（以 N 计）完全硝化需 4.57g O_2，其中第一步反应耗氧 3.43g，第二步反应耗氧 1.14g。

③产生大量的质子（H^+），需要大量的碱中和，1g NH_3-N（以 N 计）完全硝化需要碱度 7.14g（以 $CaCO_3$ 计）。

④细胞产率非常低，特别是在低温的冬季。

（3）反硝化反应

反硝化反应是由异养型反硝化菌完成的，它的主要作用是将硝态氮或亚硝态氮还原成氮气，反应在无分子氧的条件下进行。反硝化菌大多是兼性的，在溶解氧浓度极低的环境中，它们利用硝酸盐中的氧作电子受体，有机物则作为碳源及电子供体提供能量并得到氧化稳定。当利用的碳源为甲醇时，反硝化反应式（反硝化＋生物合成）为

$$NO_3^- + 1.08CH_3OH + 0.24H_2CO_3 \longrightarrow 0.06C_5H_7O_2N$$
$$+ 0.47N_2\uparrow + 1.68H_2O + HCO_3^-$$

$$NO_2^- + 0.67CH_3OH + 0.53H_2CO_3 \longrightarrow 0.04C_5H_7O_2N$$
$$+ 0.48N_2\uparrow + 1.23H_2O + HCO_3^-$$

当环境中缺乏有机物时,无机物如氢、Na_2S 等也可作为反硝化反应的电子供体。微生物还可通过消耗自身的原生质进行所谓的内源反硝化,内源反硝化的结果是细胞物质减少,并会有 NH_3 生成,因此,处理中不希望此种反应占主导地位,而应提供必要的碳源。

$$C_5H_7O_2N + 4NO_3^- \longrightarrow 5CO_2\uparrow + 2N_2\uparrow + NH_3\uparrow + 4OH^-$$

反硝化过程的重要特征如下。

①在缺氧或低氧状态进行反硝化(以 NO_3^- 或 NO_2^- 为电子受体),若 DO 较高状态则会进行有机物氧化(以 O_2 为电子受体),而且这种转换频繁进行不影响反硝化菌活性。

②反硝化过程消耗有机物,$1g$ NO_3^--N(以 N 计)转化为 N_2 需提供有机物(以 BOD_5 计)$2.86g$。

③反硝化过程产生碱度,$1g$ NO_3^--N(以 N 计)转化为 N_2 产生碱度(以 $CaCO_3$ 计)$3.57g$。

上述硝化、反硝化生物脱氮过程示意图如图 4-1 所示。

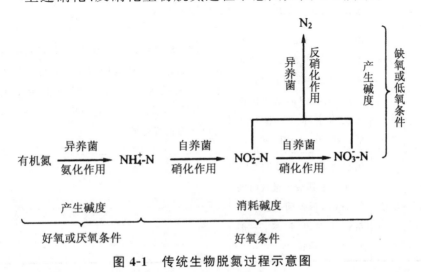

图 4-1　传统生物脱氮过程示意图

4.1.1.2　硝化反硝化的影响因素

硝化—反硝化过程的影响因素见表 4-1。

表 4-1　硝化—反硝化过程的影响因素

影响因素	硝化过程	反硝化过程
温度	硝化反应的适宜温度为 20℃～30℃。低于 15℃ 时,反应速率迅速下降,5℃时反应几乎完全停止。温度不但影响硝化菌的比增长速率,而且影响硝化菌的活性	反硝化反应的温度范围较宽,在 5℃～40℃ 范围内都可以进行。但温度低于 15℃ 时,反硝化速率明显下降。最适宜的温度为 20℃～40℃
pH	硝化菌受 pH 的影响很敏感,比较适宜的 pH 范围为 7.0～8.0。硝化过程消耗碱度,使得 pH 下降,因此需补充碱度	反硝化反应的适宜 pH 为 6.5～7.5。pH 高于 8 或低于 6 时,反硝化速率将迅速下降。反硝化过程会产生碱度
溶解氧	溶解氧是硝化过程中的电子受体,硝化反应必须在好氧条件下进行。一般要求在 2.0mg/L 以上	溶解氧会与硝酸盐竞争电子供体,同时分子态氧也会抑制硝酸盐还原酶的合成及活性。一般认为,活性污泥系统中,溶解氧应保持在 0.5mg/L 以下
C/N	由于硝化菌是自养菌,水中的 C/N 不宜过高,否则将有助于异养菌的迅速增殖,微生物中的硝化菌的比例将下降。一般 BOD 值应在 20mg/L 以下	在反硝化反应中,最大的问题就是污水中可用于反硝化的有机碳的多少及其可生化程度。一般认为,当反硝化反应器污水的 BOD_5/TKN 值为 4～6(或 $BOD_5/TN > 3$)时,可以认为碳源充足
污泥龄 θ_c	硝化菌的停留时间(θ_c)必须大于其最小世代时间(θ_c)min,否则硝化菌将从系统中流失殆尽,一般 $\theta_c > 2(\theta_c)$min	

4.1.1.3　生物脱氮新理念

（1）短程硝化—反硝化

由传统硝化—反硝化原理可知，硝化过程是由两类独立的细菌催化完成的两个不同反应，应该可以分开。而对于反硝化菌 NO_3^- 或 NO_2^- 均可以作为最终受氢体。即将硝化过程控制在亚硝化阶段而终止，随后进行反硝化，在反硝化过程将 NO_2^- 作为最终受氢体，故称为短程（或简捷）硝化—反硝化。其反应式为

$$NH_4^+ + \frac{3}{2}O_2 \longrightarrow NO_2^- + 2H^+ + H_2O$$

$$2NO_2^- + CH_3OH + CO_2 \longrightarrow N_2 \uparrow + 2HCO_3^- + H_2O$$

（2）同步硝化—反硝化

①厌氧氨氧化。其基本原理是在厌氧条件下，以硝酸盐或亚硝酸盐作为电子受体，将氨氮氧化成氮气，或者利用氨作为电子供体，将亚硝酸盐或硝酸盐还原成氮气。参与厌氧氨氧化的细菌是一种自养菌，在厌氧氨氧化过程中无须提供有机碳源。厌氧氨氧化反应式及反应自由能为

$$NH_4^+ + NO_2^- \longrightarrow N_2 \uparrow + 2H_2O \quad \Delta G = -358\,\frac{kJ}{mol}NH_4^+$$

$$5NH_4^+ + 3NO_3^- \longrightarrow 4N_2 \uparrow + 9H_2O + 2H^+ \quad \Delta G = -297\,\frac{kJ}{mol}NH_4^+$$

根据热力学理论，上述反应的 $\Delta G < 0$，说明反应可自发进行，从理论上讲，可以提供能量供微生物生长。

②亚硝酸型。完全自养脱氮（Completely Autotrophic Nitrogen-removal Over Nitrite）简称 CANON 工艺。其基本原理是先将氨氮部分氧化成亚硝酸氮，控制 NH_4^+ 与 NO_2^- 的比例为 $1:1$，然后通过厌氧氨氧化作为反硝化实现脱氮的目的。其反应式表述为

$$\frac{1}{2}NH_4^+ + \frac{3}{4}O_2 \longrightarrow \frac{1}{2}NO_2^- + H^+ + \frac{1}{2}H_2O$$

$$\frac{1}{2}NH_4^+ + \frac{1}{2}NO_2^- \longrightarrow \frac{1}{2}N_2 \uparrow + H_2O$$

全过程为自养的好氧亚硝化反应结合自养的厌氧氨氧化反

应,无须有机碳源,对氧的消耗比传统硝化/反硝化减少 62.5%,同时减少碱消耗量和污泥生成量。

4.1.2 生物除磷原理及影响因素

4.1.2.1 生物除磷原理

废水中磷的存在形态取决于废水的类型,最常见的是磷酸盐（$H_2PO_4^-$、HPO_4^{2-}、PO_4^{3-}），聚磷酸盐和有机磷。常规二级生物处理的出水中,90%左右的磷以磷酸盐的形式存在。

生物除磷主要由一类统称为聚磷菌（PAO）的微生物完成,其基本原理包括厌氧放磷和好氧吸磷过程,如图 4-2 所示。

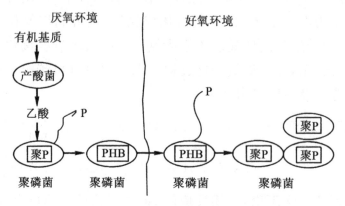

图 4-2　生物除磷过程示意图

一般认为,在厌氧条件下,兼性细菌将溶解性 BOD_5 转化为低分子挥发性有机酸（VFA）。聚磷菌吸收这些 VFA 或来自原污水的 VFA,并将其运送到细胞内,同化成胞内碳源存储物（PHB/PHV）,所需能量来源于聚磷水解以及糖的酵解,维持其在厌氧环境生存,并导致磷酸盐的释放;在好氧条件下,聚磷菌进行有氧呼吸,从污水中大量地吸收磷,其数量大大超出其生理需求,通过 PHB 的氧化代谢产生能量,用于磷的吸收和聚磷的合成,能量以聚合磷酸盐的形式存储在细胞内,磷酸盐从污水中得到去除。同时合成新的聚磷菌细胞,产生富磷污泥。将产生的富磷污泥通过剩余污泥的形式排放,从而将磷从系统中除去。聚磷菌的作用机理如图 4-3 所示,NADH 和 PHB 分别表示糖原酵解的还原性产物和聚-β-羟基丁酸。聚磷菌以聚-β-羟基丁酸作为其含碳有机物的贮藏物质。反应方程式如下。

聚磷菌摄取磷:

$$C_2H_4O_2 + NH_4^+ + O_2 + PO_4^{3-} \longrightarrow C_5H_7NO_2 + CO_2\uparrow$$
$$+ (HPO_3)(聚磷) + OH^- + H_2O$$

聚磷菌释放磷:

$$C_2H_4O_2 + (HPO_3)(聚磷) + H_2O \longrightarrow (C_2H_4O_2)_2$$
$$(贮存的有机物) + PO_4^{3-} + 3H^+$$

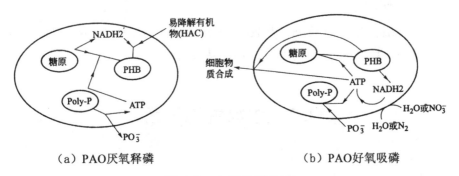

（a）PAO厌氧释磷　　　　　　（b）PAO好氧吸磷

图 4-3　生物除磷原理

4.1.2.2　生物除磷的影响因素

（1）温度

温度对除磷效果的影响不是很明显,因为在高温、中温、低温条件下,有不同的菌都具有生物脱磷能力,但低温运行时在厌氧区的停留时间要更长一些,以保证发酵作用的完成和基质的吸收。实验表明在 5℃～30℃ 的范围内,都可以得到很好的除磷效果。

（2）pH

实验证明 pH 在 6.5～8.0 范围内时,磷的厌氧释放比较稳定。pH 低于 6.5 时生物除磷的效果会大大降低。

（3）BOD$_5$/TP

一般认为,较高的 BOD$_5$/TP 除磷效果较好,进行生物除磷的下限是 BOD$_5$/TP＝20。有机物的不同对除磷效果也有影响:易降解低分子有机物诱导磷释放的能力较强,高分子难降解有机物诱导磷释放的能力较弱,而厌氧段释磷越充分,则好氧段磷摄取量越大。

（4）溶解氧

溶解氧的影响包括两方面:一是必须在厌氧区中控制严格的厌氧条件,保证磷的充分释放;二是在好氧区中要供给充分的溶解氧,保证磷的充分吸收。一般厌氧段的溶解氧应严格控制在0.2mg/L 以下,而好氧段的溶解氧控制在 2.0mg/L 以上。

（5）污泥龄

生物除磷效果取决于排除剩余污泥量的多少,一般污泥龄短的系统产生的剩余污泥多,除磷效果较好。

4.2　生物脱氮工艺

4.2.1　活性污泥法脱氮传统工艺

4.2.1.1　三级生物脱氮工艺

活性污泥法脱氮的传统工艺是由巴茨(Barth)开创的所谓三级活性污泥法流程,它是以氨化、硝化和反硝化三项反应过程为基础建立的,其工艺流程如图 4-4 所示。

第一级曝气池为一般的二级处理曝气池,其主要功能是去除BOD、COD,使有机氮转化,形成 NH$_3$、NH$_4^+$,完成氨化过程。经沉淀后,BOD$_5$ 降至 15～20mg/L 的水平。

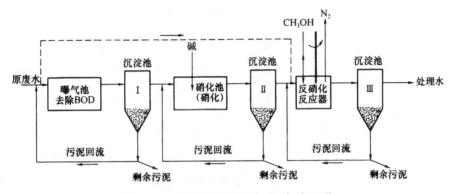

图 4-4　活性污泥法脱氮的传统工艺

第二级为硝化曝气池,在这里进行硝化反应,因硝化反应消耗碱度,因此需要投碱。第三级为反硝化反应器,在这里还原硝酸根产生氮气,这一级应采取厌氧缺氧交替的运行方式。投加甲醇(CH₃OH)为外加碳源,也可引入原污水作为碳源。

甲醇的用量按下式计算:

$$C_m = 2.47[NO_3^- \text{-}N] + 1.53[NO_2^- \text{-}N] + 0.87DO$$

式中,C_m 为甲醇的投加量,单位为 mg/L;[NO_3^--N]、[NO_2^--N]分别为硝酸氮、亚硝酸氮的浓度,单位为 mg/L;DO 为水中溶解氧的浓度,单位为 mg/L。

这种系统的优点是有机物降解菌、硝化菌、反硝化菌分别在各自的反应器内生长,环境条件适宜,而且各自回流到沉淀池分离的污泥,反应速度快而且比较彻底。但处理设备多,造价高,管理不方便。

4.2.1.2　两级生物脱氮工艺

将 BOD 去除和硝化两道反应过程放在同一个反应器内进行便形成了两级生物脱氮工艺,如图 4-5 所示。

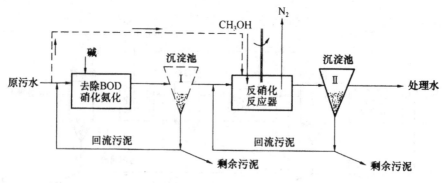

图 4-5 两级生物脱氮工艺

4.2.2 A/O工艺

A/O工艺为缺氧—好氧工艺,又称前置反硝化生物脱氮工艺,是目前采用比较广泛的工艺。

当A/O脱氮系统中缺氧和好氧在两座不同的反应器内进行时为分建式A/O脱氮系统(见图4-6)。

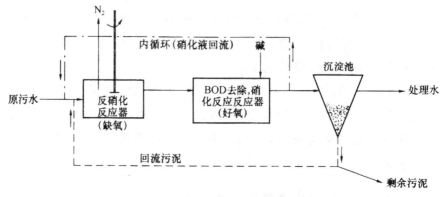

图 4-6 分建式 A/O 脱氮系统

当A/O脱氮系统中缺氧和好氧在同一构筑物内,用隔板隔开两池时为合建式A/O脱氮系统(见图4-7)。

A/O工艺的特点有:①流程简单,构筑物少,运行费用低,占地少;②好氧池在缺氧池之后,可进一步去除残余有机物,确保出水水质达标;③硝化液回流,为缺氧池带去一定量的易生物降解的有机物,保证了脱氮的生化条件;④无须加入甲醇和平衡碱度。

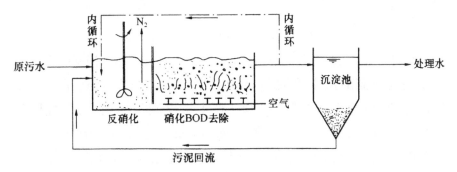

图 4-7　合建式 A/O 脱氮系统

4.2.3　SHARON 工艺

亚硝化脱氮(single reactor for high ammonium removal over nitrite,SHARON)是荷兰 Delft 技术大学开发的一种新型的生物脱氮技术。其基本原理是在同一个反应器内,先在有氧条件下,利用亚硝化细菌将氨氮氧化成 NO_2^-,然后在缺氧条件下,以有机物为电子供体,将亚硝酸盐反硝化,生成氮气。其生化反应式为

$$NH_4^+ + HCO_3^- + 0.75O_2 \xrightarrow{\text{微生物}} 0.5NH_4^+$$
$$+ 0.5NO_2^- + CO_2 \uparrow + 1.5H_2O$$

该工艺的核心是应用了亚硝酸盐氧化菌和氨氧化菌的不同生长速率,氨氧化菌的最小停留时间介于亚硝酸氧化菌和氨氧化菌最小停留时间之间,从而使氨氧化菌具有较高的浓度而亚硝酸盐氧化菌被自然淘汰,从而维持稳定的亚硝酸盐积累。SHARON 工艺主要用来处理城市污水二级处理系统中污泥硝化上清液和垃圾渗滤液等废水。

4.2.4　厌氧氨氧化工艺

厌氧氨氧化(anaerobic ammonium oxidation,ANAMMOX)工艺就是在厌氧条件下,微生物直接以 NH_4^+ 为电子供体,以

NO_2^- 为电子受体,将 NH_4^+ 或 NO_2^- 转变成 N_2 的生物氧化过程,其反应式为

$$NH_4^+ + NO_2^- \longrightarrow N_2 \uparrow + 2H_2O$$

由于 NO_2^- 是一个关键的电子受体,所以 ANAMMOX 工艺也划归为亚硝酸型生物脱氮技术。由于参与厌氧氨氧化的细菌是自养菌,因此不需要另加 COD 来支持反硝化作用,与常规脱氮工艺相比可节约 100% 的碳源。而且,如果把厌氧氨氧化过程与一个前置的硝化过程结合在一起,那么硝化过程只需要将部分 NH_4^+ 氧化为 NO_2^-,这样的短程硝化可比全程硝化节省 62.5% 的供氧量和 50% 的耗碱量。

SHARON-ANAMMOX(亚硝化—厌氧氨氧化)工艺被用于处理厌氧硝化污泥分离液并首次应用于荷兰鹿特丹的 Dokhaven 污水处理厂,其工艺流程如图 4-8 所示。由于剩余污泥浓缩后再进行厌氧消化,污泥分离液中的氨浓度很高(约 1200~2000mg/L),因此,该污水处理厂采用了 SHARON-ANAMMOX 工艺,并取得了良好的氨氮去除效果。厌氧氨氧化反应通常对外界条件(pH、温度、溶解氧等)的要求比较苛刻,但这种反应节省了传统生物反硝化的碳源和氨氮氧化对氧气的消耗,因此对其研究和工艺的开发具有可持续发展的意义。

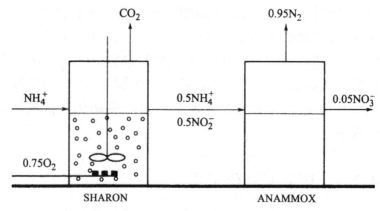

图 4-8 SHARON-ANAMMOX 联合工艺示意图
(厌氧氨氧化 A^2/O 试验流程)

4.2.5　SHARON-ANAMMOX 组合工艺

以 SHARON 工艺为硝化反应、ANAMMOX 工艺为反硝化反应的组合工艺可以克服 SHARON 工艺反硝化需要消耗有机碳源、出水浓度相对较高等缺点。就是控制 SHARON 工艺为部分硝化,使出水中的 NH_4^+ 与 NO_2^- 的比例为 $1:1$,从而可以作为 ANAMMOX 工艺的进水,组成一个新型的生物脱氮工艺,如图 4-8 所示。反应式如下:

$$\frac{1}{2}NH_4^+ + \frac{3}{4}O_2 \longrightarrow \frac{1}{2}NO_2^- + H^+ + \frac{1}{2}H_2O$$

$$\frac{1}{2}NH_4^+ + \frac{1}{2}NO_2^- \longrightarrow \frac{1}{2}N_2 \uparrow + 2H_2O$$

$$NH_4^+ + \frac{3}{4}O_2 \longrightarrow \frac{1}{2}N_2 \uparrow + H^+ + \frac{3}{2}H_2O$$

SHARON-ANAMMOX 组合工艺,与传统的硝化/反硝化相比,更具明显的优势。

①减少需氧量 $50\%\sim60\%$。

②无须另加碳源。

③污泥产量很低。

④具有高氮转化率 $[6kg/(m^3 \cdot d)]$(ANAMMOX 工艺的氨氮去除率达 98.2%)。

4.2.6　OLAND 工艺

OLAND 工艺(oxygen limited autotrophic nitrification denitrification),是由比利时 Gent 微生物生态实验室开发的氧限制自养硝化反硝化工艺。该工艺由两个过程组成:第一个过程是在限氧条件下,将废水中的 NH_4^+ 氧化为 NO_2^-;第二个过程是在厌氧条件下,将上一过程中生成的 NO_2^- 与剩余的部分 NH_4^+ 发生 ANAMMOX 反应,以达到氮去除的目的。该工艺的关键是控制溶解氧。研究表明,低溶解氧条件下氨氧化菌增殖速度加快,补偿了由于低氧造成的代谢活动下降,使得整个硝化阶段中氨氧化未受到明显影响。低氧下亚硝酸大量积累是由于氨氧化菌对溶解氧的亲和力较亚硝酸盐氧化菌强。氨氧化菌氧饱和常数一般为 $0.2\sim0.4mg/L$,亚硝酸盐氧化菌则为 $1.2\sim1.5mg/L$。硝化过程仅进行到 NH_4^+ 氧化为 NO_2^- 阶段时,由于缺乏电子受体,由 NH_4^+ 氧化产生的 NO_2^- 与未反应的 NH_4^+ 形成 N_2。该生物脱氮系统实现了生物脱氮在较低温度(22℃~30℃)下的稳定运行,并通过限氧调控实现了硝化阶段亚硝酸盐的稳定积累,同时提出厌氧氨氧化反应过程中微生物作用机理的新概念。此技术核心是通过严格控制 DO,使限氧亚硝化阶段进水 NH_4^+-N 转化率控制在 50%,进而保持出水中 NH_4^+-N 与 NO_2^--N 的比值在 $1:(1.2\pm0.2)$。反应式如下:

$$\frac{1}{2}NH_4^+ + \frac{3}{4}O_2 \longrightarrow \frac{1}{2}NO_2^- + \frac{1}{2}H_2O + H^+$$

$$\frac{1}{2}NH_4^+ + \frac{1}{2}NO_2^- \longrightarrow \frac{1}{2}N_2 \uparrow + H_2O$$

总反应即

$$NH_4^+ + \frac{3}{4}O_2 \longrightarrow \frac{1}{2}N_2 \uparrow + \frac{3}{2}H_2O + H^+$$

OLAND 工艺与传统生物脱氮相比可以节省 62.5% 的需氧量和 100% 的电子供体,但它的处理能力还很低。

4.2.7　生物膜内自养脱氮工艺(CANON)

生物膜内自养脱氮工艺(completely autotrophic nitrogen removal over nitrite,CANON)就是在生物膜系统内部可以发生亚硝化,若系统供氧不足则膜内部厌氧氨氧化(ANAMMOX)也能同时发生,那么生物膜内一体化的完全自养脱氮工艺便可能实现。在实践中,这种一体化的自养脱氮现象确实已经在一些工程或实验中被观察到,其工艺原理如图 4-9 所示。

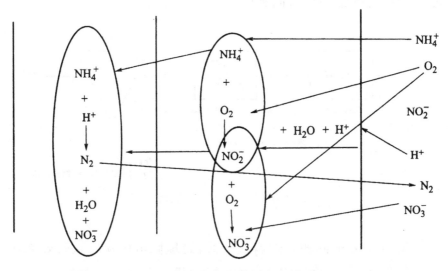

图 4-9　生物膜内自养脱氮工艺原理

4.3　生物除磷工艺

4.3.1　A/O 工艺

A/O 工艺流程如图 4-10 所示。A/O 工艺系统由厌氧池、好氧池和沉淀池构成,污水和污泥顺次经厌氧和好氧交替循环流动。回流污泥进入厌氧池可吸收去除一部分有机物,并释放出大量磷,部分富磷污泥以剩余污泥的形式排出,实现磷的去除。

A/O 工艺流程简单,不需加化学药剂,基建和运行费用低。厌氧池在好氧池前,不仅有利于抑制丝状菌的生长,防止污泥膨胀,而且厌氧状态有利于聚磷菌的选择性增殖,污泥的含磷量可达到干重的 6%。A/O 工艺运行负荷高,泥龄和停留时间短,A/O 工艺的典型停留时间为厌氧区 0.5～1.0h,好氧区 1.5～2.5h,MLSS 为 2000～4000mg/L,由于污泥龄短,系统往往得不到硝化,回流污泥也就不会携带硝酸盐回到厌氧区。

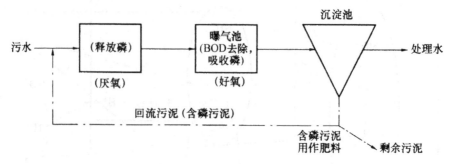

图 4-10　A/O 工艺流程

A/O 工艺的问题是除磷效率低,处理城市污水时除磷效率在 75% 左右,出水含磷量约 1mg/L,很难进一步提高。原因是 A/O 系统中磷的去除主要依靠剩余污泥的排泥来实现,受运行条件和环境条件的影响较大,且在沉淀池中还难免有磷的释放。如果进水中易降解的有机物含量低,聚磷菌较难直接利用,也会导致在好氧段对磷的摄取能力降低。

4.3.2　Phostrip 工艺

Phostrip 工艺是由 Levin 在 1965 年首次提出的。该工艺是在茸藏污泥的分流管线上增设一个脱磷池和化学沉淀池而构成。工艺流程如图 4-11 所示。废水经曝气池去除 BOD_5 和 COD,同时在好氧状态下过量地摄取磷。在沉淀池中,含磷污泥与水分离,回流污泥一部分回流至曝气池,而另一部分分流至厌氧除磷池。由除磷池流出的富磷上清液进入化学沉淀池,投加石灰形成 $Ca_3(PO_4)_2$ 不溶沉淀物,通过排放含磷污泥去除磷。

Phostrip 工艺把生物除磷和化学除磷结合到一起,与 A/O 工艺系统相比具有以下优点:①出水总磷浓度低,小于 1mg/L;②回流污泥中磷含量较低,对进水 P/BOD 没有特殊限制,即对进水水质波动的适应性较强;③大部分磷以石灰污泥的形式沉淀去除,因而污泥的处置不像高磷剩余污泥那样复杂;④Phostrip 工艺还比较适合于对现有工艺的改造。

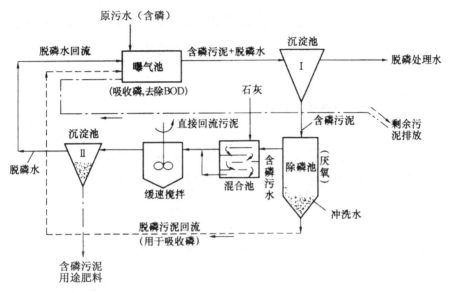

图 4-11　Phostrip 工艺流程

4.4　污水生物脱氮除磷新工艺与新技术

4.4.1　Phoredox 工艺

在 Phoredox 工艺流程(见图 4-12)中,厌氧池可以保证磷的释放,从而保证在好氧条件下有更强的吸磷能力,提高除磷效果。由于由两级 A/O[(AP/AN/O)和(AN/O)]工艺串联组合,脱氮效果好,则回流污泥中挟带的硝酸盐很少,对除磷效果影响较小,但该工艺流程较复杂。

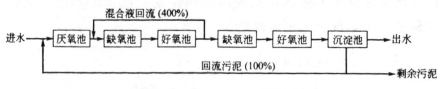

图 4-12　Phoredox 工艺流程

4.4.2　A-A-O 工艺

A-A-O 工艺,即 A^2-O 工艺,按实质意义来说,本工艺为厌氧—缺氧—好氧工艺。其工艺流程如图 4-13 所示。

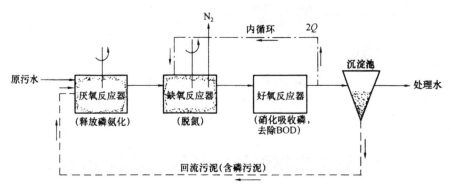

图 4-13　A^2-O 工艺流程

本工艺的特点如下。

①本工艺较简单,水力停留时间较短。

②在厌氧(缺氧)、好氧交替运行条件下,抑制丝状真菌的生长,无污泥膨胀,SVI 值一般均小于 100。

③污泥中含磷浓度较高,具有很高的肥效。

④运行中不需投药,运行成本低。

本工艺的缺点如下。

①除磷的效果难以再提高,污泥增长有一定的限制,不易提高,特别是当 P/BOD 值高时更是如此。

②脱氮的效果也难以进一步提高。

③进入沉淀池的处理水要保持一定浓度的溶解氧,减少停留时间,防止产生厌氧状态和污泥释放磷,但溶解氧浓度又不宜过高,以防循环混合液对缺氧反应器的干扰。

4.4.3　UTC 工艺及改进型 UTC 工艺

UTC 工艺[见图 4-14(a)]是对 A^2/O 工艺的一种改进,与 A^2/O 工艺的不同之处在于沉淀池污泥回流到缺氧池而不回流到厌氧池,避免回流污泥中硝酸盐对除磷效果的影响,增加了缺氧池到厌氧池的混合液回流,以弥补厌氧池中污泥的流失,强化除磷效果。

在 UTC 工艺基础上,为进一步减少缺氧池回流混合液中硝酸盐对厌氧放磷的影响,再增加一个缺氧池,改良后的 UTC 工艺流程将硝化混合液回流到第二缺氧池,而将第一缺氧池混合液回流到厌氧池,最大限度地消除了混合回流液中硝酸盐对厌氧池放磷的不利影响[见图 4-14(b)]。

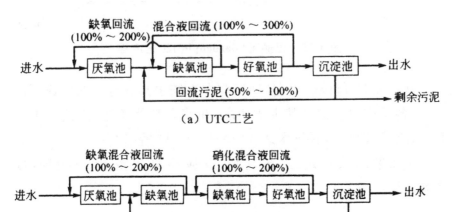

（a）UTC工艺

（b）改良型UTC工艺

图 4-14　UTC 工艺

该工艺的优点是：减少了进入厌氧区的硝酸盐量，提高了除磷效率，尤其对有机物浓度偏低的污水，除磷效率有所改善，脱氮效果好。该工艺的缺点是：操作较为复杂，需增加附加回流系统。

UTC工艺的设计运行参数：SRT 为 10～25d，MLSS 为 3000～4000mg/L；厌氧段 HRT 为 1～2h，缺氧段 HRT 为 2～4h，好氧段 HRT 为 4～12h。

4.4.4 巴颠甫(Bardenpho)工艺

本工艺是以高效率同步脱氮、除磷为目的而开发的一项技术，可称其为 A^2/O^2 工艺。其工艺流程如图 4-15 所示。

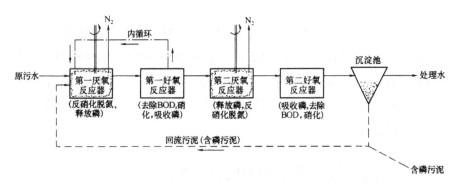

图 4-15 巴颠甫(Bardenpho)工艺流程

从图 4-15 可以看出：各种反应在系统中都进行了两次或两次以上；各反应单元都有其主要功能，并兼有其他功能，因此本工艺脱氮、除磷效果好，脱氮率达 90％～95％，除磷率 97％以上。

本工艺的缺点是：工艺复杂，反应器单元多，运行烦琐，成本高。

4.4.5 生物转盘同步脱氮除磷工艺

在生物转盘系统中补建某些补助设备后，也可以有脱氮除磷功能，其流程如图 4-16 所示。

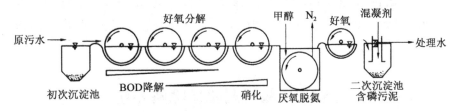

图 4-16　生物转盘同步脱氮除磷工艺

经预处理后的污水,在经两级生物转盘处理后,BOD 已得到部分降解,在后二级的转盘中,硝化反应逐渐强化,并形成亚硝酸氮和硝酸氮。其后增设淹没式转盘,使其形成厌氧状态,在这里产生反硝化反应,使氮以气体形式逸出,以达到脱氮的目的。为了补充厌氧所需碳源,向淹没式转盘设备中投加甲醇,过剩的甲醇使 BOD 值有所上升,为了去除这部分 BOD 值,在其后补设一座生物转盘。为了截住处理水中的脱落的生物膜,其后设二沉池。在二沉池的中央部位设混合反应室,投加的混凝剂在其中进行反应,产生除磷效果,从二沉池中排放含磷污泥。

4.4.6　厌氧—氧化沟工艺

厌氧池和氧化沟结合为一体的工艺(见图 4-17),在空间顺序上创造厌氧、缺氧、好氧的过程,以达到在单池中同时生物脱氮除磷的目的。

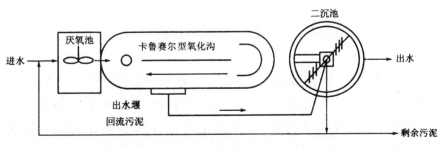

图 4-17　厌氧—氧化沟工艺

氧化沟工艺的设计运行参数：SRT 为 20～30d；MLSS 为 2000～4000mg/L；总 HRT 为 18～30h；回流污泥占进水平均流量的 50%～100%。

4.4.7　A_2N-SBR 双污泥脱氮除磷系统

基于缺氧吸磷的理论而开发的 A_2N(Anaerobic Anoxic Nitrification)-SBR 连续流反硝化除磷脱氮工艺，是采用生物膜法和活性污泥法相结合的双污泥系统(见图 4-18)。在该工艺中，反硝化除磷菌悬浮生长在一个反应器中，而硝化菌呈生物膜固着生长在另一个反应器中，两者的分离解决了传统单污泥系统中除磷菌和硝化菌的竞争性矛盾，使它们各自在最佳的环境中生长，有利于除磷和脱氮系统的稳定和高效。与传统的生物除磷脱氮工艺相比较，A_2N 工艺具有"一碳两用"、节省曝气和回流所耗费的能量少、污泥产量低以及各种不同菌群各自分开培养的优点。A_2N 工艺最适合碳氮比较低的情形，颇受污水处理行业的重视。

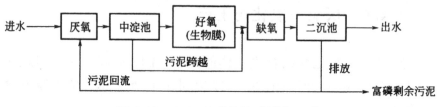

图 4-18　A_2N 反硝化除磷脱氮工艺

4.4.8　AOA-SBR 脱氮除磷工艺

AOA-SBR 法就是将厌氧/好氧/缺氧(以下简称 AOA)工艺应用于 SBR 中，充分利用了 DPB 在缺氧且没有碳源的条件下能同时进行脱氮除磷的特性，使反硝化过程在没有碳源的缺氧段进行，不需要好氧池和缺氧池之间的循环，达到氮磷在单一的 SBR 中同时去除的目的。采用此工艺处理碳氮质量比低于 10 的合成废水可以得到良好的脱氮除磷效果，平均氮磷去除率分别为

83%、92%。此工艺不但可以富集 DPB,而且使 DPB 在除磷脱氮过程中起主要作用。试验结果显示在 AOA-SBR 工艺中 DPB 占总聚磷菌的比例是 44%,远比常规工艺 A/O-SBR(13%)和 A^2O 工艺(21%)要高。AOA-SBR 工艺具有以下两个特点。

①在好氧期开始时加入适量碳源以抑制好氧吸磷,此试验中在好氧期加入的最佳碳源量是 40mg/L。

②在此工艺中,亚硝酸盐可以作为吸磷的电子受体。

第5章 自然生物净化技术

在城镇排水系统中,点源污染排放的污水采用活性污泥法和生物膜法容易集中处理。而来自城镇、农村和矿山的非点源暴雨径流、农田废水等,不仅水质和水量变化大,且极其分散,采用集中处理的方法十分困难。污水的稳定塘、土地处理和人工湿地等处理技术是在自然生物净化基础上发展起来的污水生物处理技术,处理成本低,运行管理方便,可同时有效去除 BOD、病原菌、重金属、有毒有机物及氮、磷营养物质,在非点源污染治理方面具有一定的优越性。但污水自然生物处理主要依靠自然的净化能力,对环境的依赖性强,必须考虑水体的环境容量,以避免对江河湖海以及地下水造成污染。所以,污水自然生物处理一般仅应用于城市污水处理厂二级处理出水的深度处理以及污水量较小的小城镇和新农村等污水处理等。

5.1 人工湿地处理技术

人工湿地处理技术是一种生物—生态治污技术,利用土壤和填料(如卵石等)混合组成填料床,污水可以在床体的填料缝隙中曲折地流动,或在床体表面流动的洼地中,利用自然生态系统中物理、化学和生物的共同作用来实现对污水的净化。可处理多种工业废水,后又推广应用于雨水处理,可以形成一个独特的动植物生态环境。

5.1.1 人工湿地的组成

填料、植物、微生物是构成人工湿地生态系统的主要组成部分。

5.1.1.1　填料

人工湿地中的填料又称基质,主要包括土壤、砂、砾石、各种炉渣等。填料不仅可为植物和微生物提供生长介质,还可以通过沉淀、过滤、吸附和离子交换等作用直接去除污染物。填料粒径大小也会影响处理效果,填料粒径小则有较大的比表面积,处理效果好但容易堵塞;粒径太大会减少填料比表面积和有效反应容积,效果会差一些。表 5-1 是垂直人工湿地填料的推荐粒径。

表 5-1　垂直人工湿地床分层的填料粒径

项目	厚度/cm	填料
顶层	8	粗砂
上层	40	直径为 6mm 的圆形砾石
下层	40	直径为 12mm 的圆形砾石
底层	20	直径为 30~60mm 的圆形砾石

5.1.1.2　植物

植物是人工湿地的重要组成部分,对污染物的转化和降解具有重要的作用。在人工湿地系统中,植物通过直接吸收、利用污水中的可吸收营养物质,吸附和富集重金属及一些有毒有害物质;通过发达的根系输氧至根区,有利于微生物的好氧呼吸,同时其庞大的根系为细菌提供了多样的生活环境;根系生长能增强和维持填料的水力传导率;此外,植物还可以固定填料中的水分,防止污染物扩散;同时具有一定的观赏价值,改善景观环境,部分植物通过收割回用,发挥适当的经济作用。

5.1.1.3　微生物

微生物是人工湿地实现除污功能的核心。人工湿地系统内生物相极为丰富,主要包括微生物、藻类、原生动物和后生动物。其中微生物主要包括细菌、放线菌和真菌等。人工湿地系统中的微生物主要去除污水中的有机物质和氨氮,某些难降解的有机物质和有毒物质也可通过微生物自身的变异,达到吸收和分解的目的。

5.1.2 人工湿地的类型及其特点

人工湿地有两种基本类型,即表层流人工湿地和潜流人工湿地。

(1)表层流人工湿地

表面流人工湿地系统也称水面湿地系统(water surface wetland),如图 5-1 所示。向湿地表面布水,维持一定的水层厚度,一般为 $10\sim30cm$,这时水力负荷可达 $200m^3/(hm^2 \cdot d)$。污水中的绝大部分有机物的去除由长在植物水下茎秆上的生物膜来完成。表面流湿地类似于沼泽,不需要砂砾等物质作填料,因而造价较低。但占地大,水力负荷小,净化能力有限。湿地中的氧来源于水面扩散与植物根系传输,系统受气候影响大,夏季易滋生蚊蝇。

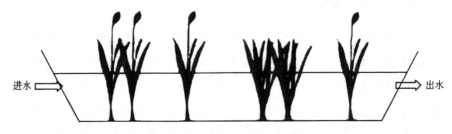

图 5-1 表面流人工湿地系统

(2)水平潜流人工湿地系统

水平潜流人工湿地系统如图 5-2 所示,污水从布水沟(管)进入进水区,以水平方式在基质层(填料层)中流动,然后从另一端出水沟流出。污染物在微生物、基质和植物的共同作用下,通过一系列的物理、化学和生物作用得以去除。

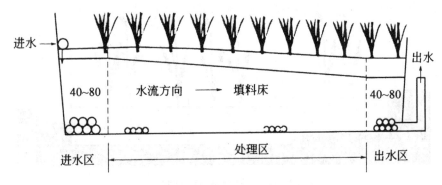

图 5-2　水平潜流人工湿地系统

(3)垂直潜流人工湿地系统

垂直潜流人工湿地系统如图 5-3 所示,采取湿地表面布水,污水经过向下垂直的渗滤,在基质层(填料层)得到净化,净化后的水由湿地底部设置的多孔集水管收集并排出。在垂直潜流人工湿地中污水从湿地表面纵向流向填料床的底部,床体处于不饱和状态,氧可通过大气扩散和植物传输进入人工湿地系统,该系统的硝化能力高于水平潜流湿地,可用于处理氨氮含量较高的污水。其缺点是对有机物的去除能力不如水平潜流人工湿地系统。

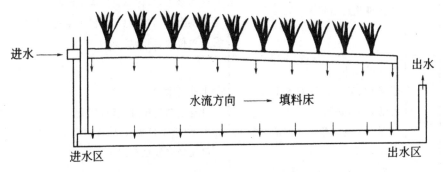

图 5-3　垂直潜流人工湿地系统

(4)复合式潜流湿地

为了达到更好的处理效果或者对脱氮有较高的要求,也可以采用水平流和垂直流组合的人工湿地,如图 5-4 所示。

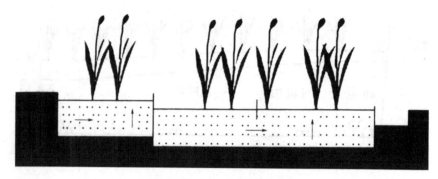

图 5-4　复合式潜流湿地

表 5-2 所示为传统污水处理方法与湿地技术比较。

表 5-2　传统污水处理方法与湿地技术比较

项目	传统污水处理方法	湿地技术
优点	①有精确的设计、运行标准、指南 ②针对特定的污染物，可以满足非常高的处理要求 ③生物、水文过程受控制严格 ④污染物负荷较大	①绿色生物工程 ②建设成本低 ③维护简单，几乎无运行费用 ④污水处理有效、可靠 ⑤同时净化多种污染物 ⑥受污水水量、污染物浓度影响小 ⑦提供野生动物栖息地，保护生物多样性 ⑧提供科教、娱乐场所
缺点	①建设成本高 ②维护、运行需技术水平较高的专业人员，费用高 ③对多种污染物需不同的处理工艺和阶段 ④对进水量、水质要求高	①土地需求大 ②没有精确的设计、运行标准 ③生物、水文过程复杂，没有完全掌握 ④可能带来蚊虫等问题

5.1.3　人工湿地的净化机理

人工湿地系统通过物理、化学、生物的综合作用过程将水中可沉降固体、胶体物质、BOD、氮、磷、重金属、硫化物、难降解有机物、细菌和病毒等去除,显示了强大的多方面净化能力。其对有机物、氮、磷和重金属的去除过程如下。

（1）有机物的去除与转化

湿地对有机物的去除主要是靠微生物的作用。土壤具有巨大的比表面积,在土壤颗粒表面形成一层生物膜,污水流经颗粒表面时,不溶性的有机物通过沉淀、过滤和吸附作用很快被截留,然后被微生物利用。可溶性有机物通过生物膜的吸附和微生物的代谢被去除。

（2）氮的去除与转化

人工湿地对氮的去除作用包括被有机基质吸附、过滤和沉积,生物同化还原成氨及氨的挥发,植物吸收和微生物硝化和反硝化作用。微生物的硝化和反硝化作用在氮的去除过程中起着重要作用。反硝化所产生的氮气通过底泥的扩散或植物导气组织的运输最终散逸到大气中去。

（3）磷的去除

湿地中对磷的去除作用主要有:植物吸收磷、生物除磷、填料介质截留磷。其中,生物除磷量相对较小,大部分的磷被填料截留。

（4）重金属的去除

湿地对重金属的去除主要的作用机理是:与土壤、沉积物、颗粒和可溶性有机物结合;与氢氧化物和微生物产生的硫化物形成不溶性盐类沉淀下来;被藻类、植物和微生物吸收。

5.1.4　人工湿地的设计参数

人工湿地的设计参数包括水力停留时间、水力负荷与水量平衡,布水周期和投配时间,有机负荷(氮、磷负荷),所需土地面积,长宽比和底坡,填料种类、渗透性和渗透速率,植物的选择等。人工湿地还需要考虑防渗。

处理生活污水和类似废水的人工湿地设计参数可以参考表 5-3。

表 5-3　人工湿地的主要设计参数

人工湿地类型	BOD 负荷/[kg/(hm² · d)]	水力负荷/[m³/(m² · d)]	水力停留时间/d
表面流人工湿地	15～50	<0.14	～8
水平潜流人工湿地	80～120	<0.51	～3
垂直流人工湿地	80～120	<1.0(建议值:北方为 0.2～0.5;南方为 0.3～0.8)	1～3

5.2　稳定氧化塘处理技术

5.2.1　稳定污水处理技术概述

5.2.1.1　自然条件下的生物处理法——稳定塘

稳定塘(Stabilization Pond)是一种天然的或经过一定人工构筑(具有围堤、防渗层等)的生物处理设施。

目前,全世界已经有近 60 个国家在使用稳定塘系统,在中国,稳定塘的应用也比较广泛。我国利用稳定塘处理污水的研究始于 20 世纪 50 年代。到 20 世纪末,我国已经建成稳定塘 150 余座,日处理污水量 250 万吨。

稳定塘原称氧化塘或生物塘,是一种利用菌藻的共同作用对污水进行处理的构筑物的总称。其处理过程与自然水体的自净过程相似。通常是将土地进行适当的人工修整,建成池塘,并设置围堤和防渗层,依靠塘内生长的微生物来处理污水,如图 5-5所示。

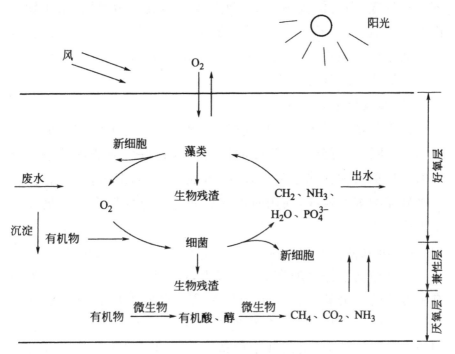

图 5-5　典型的生物稳定塘生态系统

5.2.1.2　稳定塘的种类和功能

稳定塘按照微生物种属和相应的生化反应占优势的多少,可分为好氧塘、兼性塘、曝气塘和厌氧塘四种类型。

（1）好氧塘

好氧塘的水深较浅,一般在 0.3～0.5m,它是一种主要靠塘内藻类的光合作用供氧的氧化塘。阳光能直接射透到池底,藻类生长旺盛,加上塘面风力搅动进行大气复氧,全部塘水都呈现好氧状态。

（2）兼性塘

兼性塘的水深一般在 1.5～2m,塘内好氧和厌氧生化反应兼而有之。在上部水层中,白天藻类光合作用旺盛,塘水维持好氧状态,其净化能力和各项运行指标与好氧塘相同;在夜晚,藻类光合作用停止,大气复氧低于塘内耗氧,溶解氧急剧下降至接近于零。在塘底,由可沉固体和藻、菌类残体形成了污泥层,由于缺氧而进行厌氧发酵,称为厌氧层。在好氧层和厌氧层之间,存在着一个兼性层。兼性层是氧化塘中最常用的塘型,常用于处理城市一级沉淀或二级处理出水。

(3)曝气塘

在氧化塘上设置机械曝气或水力曝气器,为了促使塘面与氧作用,可使塘水得到不同程度的混合而保持好氧或兼性状态。曝气塘有机负荷和去除率都比较高,占地面积小,但运行费用高,且出水悬浮物浓度较高,使用时可在后面连接兼性塘来改善最终出水水质。

(4)厌氧塘

厌氧塘的水深一般在 2.5m 以上,最深可达 4~5m,是一类高有机负荷的以厌氧分解为主的生物塘。当塘中耗氧超过藻类和大气复氧时,厌氧塘就使全塘处于厌氧分解状态。因而,其表面积较小而深度较大,水在塘中停留 20~50d。其优点是高有机负荷处理高浓度废水,污泥量少,缺点是净化速率慢,停留时间长,并产生臭气,出水不能达到排放要求,因而可作为好氧塘的预处理塘使用。

5.2.2 好氧塘

5.2.2.1 好氧塘的工作原理

好氧塘(aerobic pond)是一类在有氧状态下净化污水的稳定塘,它完全依靠藻类光合作用和塘表面风力搅动自然复氧供氧。好氧塘水深较浅,阳光射入塘底,全塘皆为好氧状态,见图 5-6。

塘内形成藻—菌—原生动物的共生系统,污水的净化主要通过好养微生物的作用。有阳光照射时,塘内的藻类进行光合作用而释放出大量的氧。同时,由于风力的搅动,塘表面进行自然复氧,二者使塘内保持良好的好氧状态。塘内的好氧微生物利用水中的氧,通过代谢活动对有机物进行氧化分解。其代谢产物 CO_2 则可作为藻类光合作用的碳源。

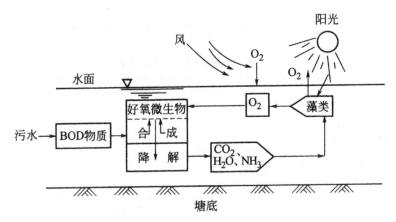

图 5-6 好氧塘工作原理示意图

5.2.2.2 好氧塘的分类

根据有机负荷的高低,好氧塘通常可以分为三类,如图 5-7 所示。

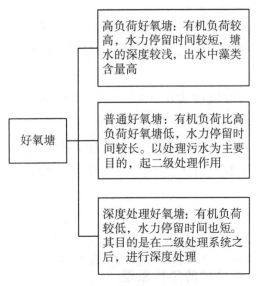

好氧塘

高负荷好氧塘:有机负荷较高,水力停留时间较短,塘水的深度较浅,出水中藻类含量高

普通好氧塘:有机负荷比高负荷好氧塘低,水力停留时间较长。以处理污水为主要目的,起二级处理作用

深度处理好氧塘:有机负荷较低,水力停留时间也短。其目的是在二级处理系统之后,进行深度处理

图 5-7 好氧塘的分类

5.2.2.3 好氧塘的设计计算

(1)设计方法

表5-4所示为好氧塘的典型设计参数,可供参考。

表5-4 好氧塘典型设计参数

设计参数	高负荷好氧塘	普通好氧塘	深度处理好氧塘
BOD_5 表面负荷/ $[kgBOD_5/(10^4 m^2 \cdot d)]$	80～160	40～120	<5
水力停留时间/d	4～6	10～40	5～20
有效水深/m	0.3～0.45	0.5～1.5	0.5～1.5
pH	6.5～10.5	6.5～10.5	6.5～10.5
稳定范围/℃	5～30	0～30	0～30
BOD_5 去除率/%	80～95	80～95	60～80
藻类浓度/(mg/L)	100～260	40～100	5～10
出水 SS/(mg/L)	150～300	80～140	10～30

(2)构造及主要尺寸

①好氧塘多采用矩形,长宽比为(3:1)～(4:1)。

②一般以塘深1/2处的面积作为计算塘面积,塘堤的超高为0.6～1.0m。

③塘堤的内坡坡度为(1:2)～(1:3)(垂直:水平);外坡坡度(1:2)～(1:5)。

④好氧塘的座数一般不少于3座,规模最小时不能少于2座。单塘面积一般不得大于$(0.8～4.0) \times 10^4 m^2$。

5.2.3 兼性塘

5.2.3.1 兼性塘的工作原理

各种类型的氧化塘中,兼性塘是应用最广泛的一种。兼性塘一般深 1.2～2.5m,通常由三层组成:上层为好氧层,中层为兼性层,底部为厌氧层,如图 5-8 所示。

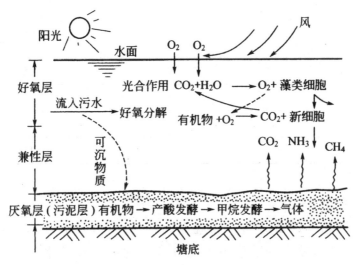

图 5-8 兼性塘工作原理示意图

在塘的上层,阳光能够照射的部位,其净化机理与好氧塘基本相同;在塘的底部,可沉物质和衰亡的藻类、菌类形成污泥层,由于无溶解氧,而进行厌氧发酵(包括水解酸化和产甲烷两个阶段),液态代谢产物如氨基酸、有机酸等与塘水混合,而气态代谢产物如 CO_2、CH_4 等则逸出水面,或在通过好氧层时为细菌所分解,为藻类所利用。厌氧层也有降解 BOD 的功能。此外,厌氧层通过厌氧发酵反应可以使沉泥得到一定程度的降解,减少塘底污泥量。

在兼性塘内进行的净化反应比较复杂,生物相也比较丰富。因此兼性塘去除污染物的范围比好氧塘广泛,不仅可去除一般的有机污染物,还可有效地去除氮、磷和某些难降解有机污染物。

5.2.3.2 兼性塘的设计

对兼性塘的设计目前多采用经验数据进行计算。表 5-5 是我国处理城市污水兼性塘的主要设计参数。

表 5-5　城市污水兼性塘的设计负荷和水力停留时间

冬季平均气温/℃	BOD$_5$ 表面负荷/[kgBOD$_5$/(10^4m^2 · d)]	水力停留时间/d
>15	70~80	≥7
10~15	50~70	7~20
0~10	30~50	20~40
−10~10	20~30	40~120
−20~−10	10~20	120~150
≤−20	<10	150~180

（1）停留时间

兼性塘的停留时间一般规定为 7~180d,其中较低的数值用于南方地区,较高的数值用于北方寒冷地区。设计水力停留时间的长短应根据地区的气象条件、设计进出水水质和当地的客观条件,从技术和经济两方面综合考虑确定。但一般不要低于 7d 和高于 180d,低限是为了保持出水水质的稳定和卫生的需要,高限是考虑到即使在冰封期高达半年以上的地区只要有足够的表面积时,其处理也能获得满意的效果。

需要说明的是,以上所定的数值均是平均理论停留时间(即仅由几何尺寸计算而得的),实际的水力停留时间在时间、空间上都是不均匀的。这一点在设计时应充分估计到。

（2）BOD$_5$ 负荷

兼性塘的塘表面面积负荷一般为 10~100kg BOD$_5$/(10^4m^2 · d),其中低值用于北方寒冷地区,高值用于南方炎热地区。为了保证全年正常运行,一般根据最冷月份的平均温度作为控制条件来选择负荷进行设计。

（3）塘数

除很小规模的处理系统可以采用单一塘外,一般均应采用几个塘。多塘系统既可以按串联形式布置,又可以按并联形式布置,一般多用串联塘。串联塘系统最少为 3 个塘。

（4）塘的长宽比

处理塘常采用方形或矩形,矩形塘的长宽比一般为 3∶1,塘的四周应做成圆形以避免死角。不规则的塘形不应采用,因其容易短路形成死水区。

（5）塘深

兼性塘有效水深一般采用 1.2～2.5m,最小运行深度是考虑防止对塘堤、塘底等的损害以及淤泥层的补偿等而定的。北方寒冷地区应适当增加塘深以利过冬。但塘深过大,塘表面积将不足以满足光合作用的需要,故应在满足表面负荷的前提下来考虑塘深才能获得经济的、有效的处理塘系统。

5.2.4　厌氧塘

5.2.4.1　厌氧塘的工作原理

厌氧塘水深较深,有机负荷高,塘中污染物的生化需氧量大于塘自身的溶氧能力,塘基本上保持厌氧状态,塘中微生物为兼性厌氧菌和厌氧菌,几乎没有藻类,如图 5-9 所示。

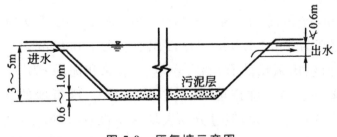

图 5-9　厌氧塘示意图

厌氧塘对有机物的降解是由两类厌氧菌来完成的,最后转化为 CH_4,即先由兼性厌氧产酸菌将复杂的有机物水解,转化为简单的有机物,再由绝对厌氧菌将有机酸转化为甲烷和二氧化碳等。一般控制塘内的有机酸浓度在 3000mg/L 以下,pH 为

6.5～7.5,进水 BOD$_5$：N：P＝100：2.5：1,硫酸盐浓度小于500mg/L。

厌氧塘通常用于处理高浓度有机废水,在处理城市污水方面也取得了成功。

5.2.4.2　厌氧塘设计参数与方法

(1)修建厌氧塘时应注意的环境事项

①厌氧塘内污水的有毒、有害物质的浓度高,塘的深度大,容易污染地下水,对该塘必须作防渗设计。

②厌氧塘一般都有臭气散发出来,该塘应离居住区在 500m以上。

③肉类加工污水等的厌氧塘水面上有浮渣,浮法虽有利于污水处理,但有碍观瞻。

④浮渣面上有时滋生小虫,运行中应有除虫措施。

(2)预处理

厌氧塘之前应设置格栅。含砂量大的污水,塘前应设沉砂池。肉类加工污水以及油脂含量高的污水,塘前应设除油池。

(3)厌氧塘主要尺寸

①形状:一般为矩形,长宽比为(2：1)～(2.5：1),有效深度为 3～5m,停留时间一般为 20～50d,塘底贮泥高度应不小于0.5m,超高为 0.5～1.0m,单塘面积不应大于 8000m^2。

②深度:厌氧塘的有效深度(包括水深和泥深)为 3～5m,当土壤和地下水的条件许可时,可以采用 6m。厌氧塘的深度虽比其他类型的稳定塘大,但过分加大塘深也没有好处。因为在水温分层期间,每增加 30cm 水深,水温将递减 1℃。塘的底泥和水的温度过低,将会降低泥和水的厌氧降解速率。

城市污水厌氧塘底部储泥深度,设计值不应小于 0.5m。污泥清除周期的长短取决于污水性质。

③塘底应采用平底,略具坡度,以利排泥。

④塘堤的坡度按垂直：水平计,内坡为 1：1～1：3,外坡不

应大于 1∶3,以便割草。

⑤塘的超高为 0.6～1.0m,大塘应取上限值。

(4)厌氧塘进口和出口

厌氧塘进口位于接近塘底的深度处,高于塘底 0.6～1.0m。这样的进口布置,可以使进水与塘底厌氧污泥混合,从而提高 BOD 去除率,并且可以避免泥沙堵塞进口。塘底宽度小于 9m 时,可只用一个进口。大塘应采用多个进口。厌氧塘的出口为淹没式,淹没深度不应小于 0.6m,并不得小于冰覆盖层或浮渣层厚度。为减少出水带走污泥,可采用多个出口。

(5)厌氧塘的面积和塘数

厌氧塘位于稳定塘系统首端。截留污泥量大,因此,厌氧塘宜并联,以便在清除污泥时,可以使其中一组停止运行。

厌氧塘一般为单级。在二级厌氧塘中,第二级塘浮渣厚度较薄,有时不能盖满全塘,因而不能保温,不能提高 BOD_5 去除率。但多级厌氧塘的出水 SS 较低。

5.2.5　曝气塘

5.2.5.1　曝气塘的工作原理

曝气塘就是经过人工强化的稳定塘。采用人工曝气装置向塘内污水充氧,并使塘水搅动。曝气塘可分为好氧曝气塘和兼性曝气塘两类,主要取决于曝气装置的数量、安装密度和曝气强度。当曝气装置的功率较大,足以使塘中的全部生物污泥处于悬浮状态,并向塘内水提供足够的溶解氧时,即为好氧曝气塘。如果仅有部分固体物质处于悬浮状态,而有一部分沉积塘底并进行厌氧分解,曝气装置提供的溶解氧仅为进水 BOD 生物降解的需氧量,则为兼性曝气塘,如图 5-10 所示。

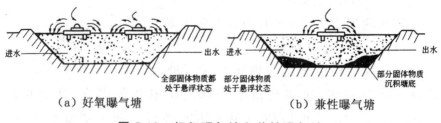

图 5-10 好氧曝气塘和兼性曝气塘

5.2.5.2 曝气塘的设计计算

①曝气塘的 BOD_5 表面负荷为 $30\sim60kg/(10^4 m^2 \cdot d)$，好氧曝气塘的水力停留时间为 $1\sim10d$，兼性曝气塘的水力停留时间为 $7\sim20d$。有效水深为 $2\sim6m$。曝气塘一般不小于 3 座，通常按串联方式运行。

②曝气塘多采用表面曝气机进行曝气(选用数个小型表面曝气机比一个或两个大型表面曝气机的效果好，运行灵活，而且维修时对全塘影响小)，表面曝气机应不少于 2 台/座。也可以用鼓风机曝气，北方结冰期间，表面曝气难以运行，所以宜采用鼓风机曝气。完全混合曝气塘所需功率约为 $0.05\sim0.15kW/m^3$。

③曝气塘出水的悬浮固体浓度较高，排放前需进行沉淀，沉淀方法可以用沉淀池或在塘中分割出静水区用于沉淀，还可在曝气塘后设置兼性塘，既可用于进一步处理出水，又可将沉于兼性塘的污泥在塘底进行厌氧消化。

5.3 土地处理系统

在 19 世纪，德国本兹劳(Bunzlau)的灌溉系统利用土地处理废水及污泥，然后传入美国并迅速发展起来，形成土地处理系统。研究表明废水土地处理系统具有投资省、运行管理简单、可除氮脱磷、废水可回用、可替代二级处理甚至三级或深度处理的特点。

土地处理(Land Processing System)就是在人工控制的条件下,利用土壤—微生物—植物组成的生态系统使污水得到净化的处理方法。在污染物得以净化的同时,水中的营养物质和水分也得以循环利用,使污水稳定化、无害化、资源化。

污水土地处理系统一般由以下几部分组成,如图 5-11 所示。其中,土地净化田是土地处理系统的核心环节。

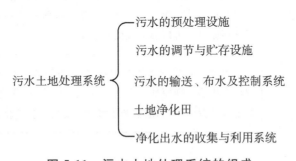

污水土地处理系统 {
污水的预处理设施
污水的调节与贮存设施
污水的输送、布水及控制系统
土地净化田
净化出水的收集与利用系统
}

图 5-11　污水土地处理系统的组成

5.3.1　土地处理的净化机理

污水土地处理过程是一个十分复杂的综合过程,其中包括物理过滤、物理吸附和物理沉积、物理化学吸附、化学反应与沉淀,以及微生物代谢作用下的有机物分解等,如表 5-6 所示。

表 5-6　污水土地处理的净化机理

净化作用	作用机理
物理过滤	土壤颗粒间的孔隙能截流、滤除污水中的悬浮物。土壤颗粒的大小、颗粒间孔隙的形状、大小、分布及水流通道的性质都影响物理过滤效率
物理吸附和物理沉积	在非极性分子之间范德华力的作用下,土壤中黏土矿物等能吸附土壤中的中性分子。污水中的部分重金属离子在土壤胶体表面由于阳离子交换作用而被置换、吸附并生成难溶态物被固定于土壤矿物的晶格中

净化作用	作用机理
物理化学吸附	金属离子能够与土壤中的胶体发生螯合反应生成螯合化合物；某些有机物与土壤中重金属生成可吸性螯合物而固定于土壤矿物的晶格中；植物吸收能去除污水中的氮和磷
化学反应与沉积	重金属离子能够与土壤中的某些组分反应形成难以降解的物质。通过调节土壤的 pH 可以产生金属氢氧化物；调节土壤的氧化还原电位可以形成硫化物沉淀
微生物的代谢作用下的有机物分解	土壤中含有的多种微生物可以降解土壤颗粒中的有机固体及溶解性有机物。即便处于厌氧条件，土中的厌氧菌仍可以对有机物进行分解，对亚硝酸盐和硝酸盐则能通过反硝化作用除去氮

5.3.2 土地处理系统的类型

土地处理系统根据处理目标、处理对象的不同，分地表漫流（OF）、快速渗滤（RI）、慢速渗滤（SR）、地下渗滤（SWIS）、湿地系统（WL）5 种工艺类型。

5.3.2.1 地表漫流（OF 系统）

地表漫流是将污水有控制地投配到多年生牧草、坡度缓（最佳坡度为 2%～8%）和土壤透水性差（黏土或亚黏土）的坡面上，污水以薄层方式沿坡面缓慢流动，在流动过程中得到净化，其净化机理类似于固定膜生物处理法，如图 5-12 所示。地表漫流系统是以处理污水为主，同时可收获作物。这种工艺对预处理的要求较低，对地下水的污染较轻，地表径流收集处理水（尾水收集到坡脚的集水渠后可回用或排放水体）。

废水要求预处理（如格栅、滤筛）后进入系统，出水水质相当于传统生物处理后的出水，对 BOD、SS、氮的去除率较高。

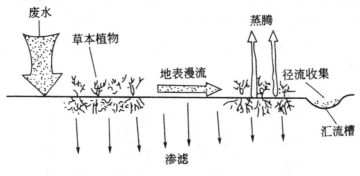

图 5-12　地表漫流系统

5.3.2.2　快速渗滤(RI 系统)

快速渗滤是采用处理场土壤渗透性强的粗粒结构的沙壤土或沙土渗滤得名的。废水以间歇方式投配于地面,在沿坡面流动的过程中,大部分通过土壤渗入地下,并在渗滤过程中得到净化,如图 5-13 所示。

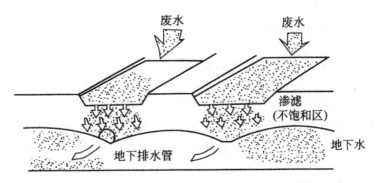

图 5-13　快速渗滤系统

快速渗滤水主要补给地下水和污水再生回用,用于补给地下水时不设集水系统,若用于污水再生回用,则需设地下集水管或井群以收集再生水。

5.3.2.3　慢速渗滤(SR 系统)

慢速渗滤是将废水投配到种有作物的土壤表面,废水在径流地表土壤与植物系统中得到充分净化的方法。在慢速渗滤中,处理场的种植作物根系可以阻碍废水缓慢向下渗滤,借土壤微生物分解和作物吸收进行净化,其过程如图 5-14 所示。

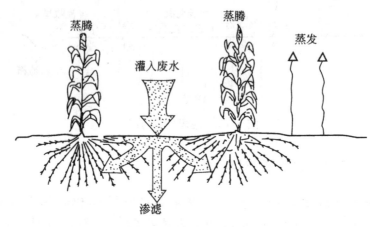

图 5-14　慢速渗滤系统

慢渗生态处理系统适用于渗水性能良好的土壤和蒸发量小、气候湿润的地区。由于污水投配负荷一般较低,渗滤速度慢,故污水净化效率高,出水水质好。

5.3.2.4　地下渗滤(SWIS 系统)

地下渗滤是将废水有效控制在距地表一定深度、具有一定构造和扩散性能良好的土层中,废水在土壤的毛细管浸润和渗滤作用下,向周围运动且达到处理要求的土地处理工艺,如图 5-15 所示。

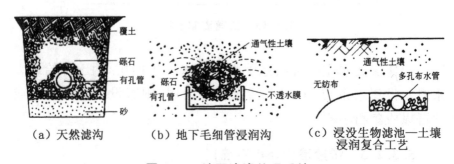

（a）天然滤沟　　　　（b）地下毛细管浸润沟　　　（c）浸没生物滤池—土壤
　　　　　　　　　　　　　　　　　　　　　　　　　　　浸润复合工艺

图 5-15　地下渗滤处理系统

地下渗滤系统负荷低,停留时间长,水质净化效果非常好,而且稳定,运行管理简单,氮磷去除能力强,处理出水水质好,处理出水可回用。

地下渗滤土地处理系统以其特有的优越性,越来越多地受到人们的关注。在国外,地下渗滤系统的研究和应用日益受到重视。在国内,居住小区、旅游点、度假村、疗养院等未与城市排水系统接通的分散建筑物排出的污水的处理与回用领域中有较多的应用研究。

上述四种土地渗滤系统应依据土壤性质、地形、作物种类、气候条件以及对废水的处理要求和处理水的出路而选择,必要时建立由几个系统组成的复合系统,以提高处理水水质,使之符合回用或排放要求。

5.3.3 废水土地处理系统的规划

为了达到环境保护和可持续发展要求,设计工作者应选定工艺技术可行、经济上合理的方案,在确定之前都要进行缜密的规划,为了确保处理有效和避免不必要的资金浪费或造成环境严重破坏,要广泛调查,科学论证,因此,一般采用两阶段规划,每阶段要达到相应的目的和要求,如图 5-16 所示。

5.3.3.1 第一阶段规划

此阶段收集资料并做可行性研究,同时进行废水土地处理系统技术经济评价,实现"社会、经济、环境三效益"的目标。其主要内容和步骤有:原水水质,工艺方案,环境影响,植物选择,土地承受能力与排放标准,设计并计算废水土地处理系统的土地面积、运行参数、投资造价、防治措施及预处理要求。

5.3.3.2 第二阶段规划

在第一阶段的规划前提下,再进行第二阶段的深入调查和研究,在初步设计的基础上,对比方案和效益,确定最佳工艺流程,最后设计与计算。主要内容有:现场进一步调研和勘察,选定初步设计标准和依据,工程项目技术经济评价和分析,土地处理系统的保护措施、运行管理等。

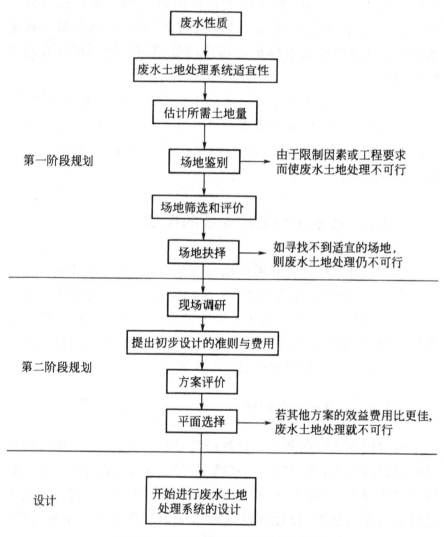

图 5-16　废水土地处理系统规划程序

5.4　自然生物净化技术工程实例

5.4.1　氧化塘污水处理技术在长春客车厂区的应用

5.4.1.1　背景资料和工艺流程

长春客车厂是生产制造铁路客车和地下铁道客车的重要基地,在我国的铁路客车和地下铁道电动客车制造中占有重要地位。该厂区的年耗水量达 210 万吨,其中用于生产、生活的污水排放量达 180 万吨。该厂区包括东西两个排水系统,西区是冷加工生产系统的排水系统,其污水排放量达 4500t/d。图 5-17 所示为该厂区进行污水深度处理及中水回用的工艺流程。

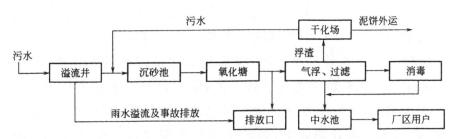

图 5-17　长春客车厂污水深度处理及中水回用工艺流程

污水通过溢流井进入沉砂池,此处设置溢流井是为了应对夏季雨水过多及事故排放的情况,从而减小对整个污水处理系统的影响。需要注意的是,在沉砂池的前后位置均应设置粗、细格栅,从而过滤较大的杂物。沉砂池中的污水以淹没出水的方式进入氧化塘。该氧化塘的有效面积达 8800m²,氧化塘中种植了大量的芦苇,可以对污水中的大部分污染物进行高效地沉降、分解和去除。氧化塘流出的水完全符合污水综合排放一级标准(GB 8978—1996)。氧化塘进出水水质见表 5-7。

表 5-7   氧化塘进出水水质指标

单位:mg/L(pH 和去除率除外)

项目	SS	COD	BOD	石油类	pH	LAS
进水	146.6~286.4	78.3~245.2	15.2~85.6	4.5~11.4	5.4~10.3	0.3~1.9
平均值	206.0	194.3	69.4	7.3	7.1	0.63
出水	36.3~70.4	64.3~90.7	6.8~15.7	3.4~5.6	6.5~7.3	—
平均值	47.4	70.0	79.8	4.5	7.0	—
去除率/%	76.9	63.9	79.8	36.8	—	—

5.4.1.2   运行实践

通过多年的实践,已使回用水质完全符合工业冷却循环水质要求和生活杂用水质标准的要求。到目前为止,该厂区的中水使用总量已达 70 万吨,每年节省费用 324 万元。厂区内中水回用体系的建成,不仅有效地改善了工厂用水紧张的局面,节省了大量资金,而且将工厂中西区的污水排放量基本降低为零。

建立该污水处理系统时,考虑到氧化塘出水的生化性较差,引入了气浮、过滤、消毒等处理工艺,使氧化塘出水水质得到有效改善。另外,工厂中西区排放的污水中含有较多的油类及粗颗粒物,影响了污水处理效果,因此在氧化塘前设置了预处理沉砂隔油池。该污水处理系统的污水处理能力达 6000t/d,产生回用中水的能力达 3000t/d,总投资超过了 630 万元。

氧化塘的部分出水进入气浮过滤池,进行进一步的回用处理,剩余的部分则流入厂区外的市政管道。气浮池前的进水管中加入了碱式氯化铝混凝剂,实现污水的混凝气浮处理。该气浮池以局部回流的方式进行,其回流用水为过滤出水。经气浮处理后,污水进入过滤池,应用的是重力式下向流双层过滤池,其滤料包括上层的无烟煤和下层的石英砂。通过上述处理后,污水中 SS,COD、石油类的去除率分别超过 90%、85%、88%。

中水回用管路可能会出现微生物腐蚀的现象,因此为了保障回用中水的安全性,需要对过滤出水进行消毒。消毒过程为:利用次氯酸钠发生器产生次氯酸钠,将其加入中水池内,接触时间超过 1h。经消毒处理的中水,流入中水池,可用于工厂内车体试漏试压、工业冷却、采暖补水、铸钢清沙洗沙以及清洗、绿化等方面的用水。出水水质监测结果如表 5-8 所示。

表 5-8　出水水质监测结果

单位:mg/L(pH 和去除率除外)

项目	SS	pH	COD	溶解性固体	石油类	锰	铁	六价铬	LAS
处理前	194.3	7.3	223.4	—	7.2	5.4～10.3	49.4	0.09	1.3
处理后	7.5	7.1	13.4	512.5	0.9	7.1	0.1	<0.004	<0.05
去除率/%		—	94	—	87	6.5～7.3	99	95	<96
杂用水水质标准	5～10	6.5～9	50	1000～1200	—	—	0.4	—	0.5～1

通过几年的实际运转,总结经验如下。

①为了提升氧化塘的处理速率,应该重视大气复氧。因此,在氧化塘内种植了芦苇,而且通过不断的实践确定了芦苇的适宜间距,依靠芦苇茎的传氧能力加大复氧力度。

②氧化塘对污水中有机物的净化是通过藻类实现的。藻类的种类、数量等对氧化塘处理污水的效果影响较大。为了使藻类处于适宜的生长环境,应严格控制水温处于 25℃ 左右,对进水口的进水应严格把关,以免抑制藻类生长的物质进入。

③进行混凝剂的投放时,应根据氧化塘实际的出水悬浮物控制用量,通常情况下,每立方米污水中投放混凝剂 40g。对进行过滤的双层过滤设备应该定期进行反冲洗,避免出现滤料堵塞设备,降低回用中水的水质。

5.4.1.3 成本和效益

长春客车厂的污水处理中水回用系统，以近期回用中水 2000t/d 来算，每年能够降低排放 COD140t、SS160t、石油类 6t，这能很大限度地提高环境效益。

该污水处理设备正常运行时，其需要的各项费用（包括电费、药剂费、人工费、管理费以及设备折旧费等）成本为 0.8 元/m³，自来水的成本价为 2.5 元/m³。由此不难看出，每应用 1m³ 中水能够直接节省 1.7 元，那么每年可以节省 124 万元。另外，可以免去缴纳排污费及设施排水费，那么每年工厂可以获得间接经济效益 35 万元。综合起来，每年可以为工厂节省超过 160 万元。据此估计，需要 4 年则可以收回全部前期投入。

5.4.2 厌氧/接触氧化/稳定塘工艺处理化工制药废水

海口市某精细化工有限公司，是生产医药中间产品的化工制药企业，日排水量 20m³，水中主要污染物为蛋白质、纤维素、木糖醇、有机酸和有机氯化物等，COD 高达 1×10^4 mg/L 以上，BOD/COD 为 0.35 左右。

该企业结合当地的自然条件，成功地采用了厌氧/接触氧化/稳定塘工艺处理化工制药废水，通过不断驯化得到了有效菌种，使 COD 的去除率高达 99.7%。

5.4.2.1 工艺流程的确定

化工制药排放的废水，含有大量的有机物，其中的有机氯化物能够杀灭好养微生物，使得废水中的有机物难以自行降解，对环境造成污染。驯化出的厌氧微生物能够将有机氯化物分解为小分子物质，从而实现生化降解。利用这一原理，该企业形成了如图 5-18 所示的废水处理流程，其中两段厌氧为预处理，二级接触氧化为主工艺处理,三级稳定塘为后续工艺处理。

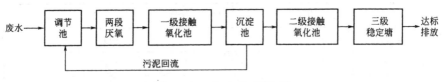

图 5-18　废水处理流程

5.4.2.2　构筑物设计

(1)调节池

地下钢筋混凝土结构。尺寸为 4m×3m×4m。功能是均衡水质、水量。

(2)厌氧池

采用升流式厌氧污泥床反应器(UASB)。该反应器的特点是污泥床污泥浓度高、活性大。废水从底部均质布水器进入,首先通过污泥床与厌氧微生物充分接触反应,使废水中有机物被降解。

(3)生物接触氧化组合池

采用两段法工艺,为了驯化不同阶段的优势菌种提高生化效果和抗冲击能力。一氧池 HRT 为 15h,沉淀池 HRT 为 7h,二氧池 HRT 为 16h。总水气比为 1∶16。填料为固体炉渣填料。

(4)三级稳定塘

一级塘为原塘改造,HRT 为 60d,平均水深 2m;二级塘为原塘改造,HRT 为 33d,平均水深 2m;三级塘为新建塘,HRT 为 60d,平均水深 2m。

5.4.2.3　运行效果分析

运行效果的监测委托有关环保部门进行,连续监测 2 天,每天采样 3 次,其 6 次样的平均值和各级处理设施的处理效果见表 5-9。

表 5-9　化工制药废水监测结果

项目	pH	COD/（mg/L）	COD 去除率/%	SS/（mg/L）	SS 去除率/%
车间出口	6.51	10082	—	309	—
调节池出水	6.75	8957	11	241	22
厌氧池出水	7.41	1080	88	126	48
接触氧化池出水	6.82	432	60	112	10
稳定塘排水	7.36	25	94	33	70
总去除率	—	—	99.7	—	89
排放标准	6～9	100	—	70	—

该监测结果表明,化工制药废水处理工程的 COD 去除率达 99.7%,废水中的污染物主要通过厌氧池去除,厌氧池出水中 COD 含量为 1080mg/L,达到了接触氧化池的进水标准,则厌氧池的参数设计较为合理。好氧接触氧化池的 COD 去除率达 60%,出水中 COD 含量为 432mg/L,符合氧化塘的进水标准。稳定塘的 COD 去除率达 94%,出水中 COD 含量为 25mg/L,运行效果较好。

5.4.2.4　效益分析

按排水量 20m³/d 计算,每年可减少排放 COD 72t,悬浮物 2t。废水处理成本为 0.58 元/m³,对于有机废水处理工程来说,该成本较低。由此可以说明,该工程能够带来较好的经济效益、社会效益。

5.4.3　天津人工湿地处理废水工程

5.4.3.1　工程简介

天津人工湿地处理废水工程具有生产性规模,占地 20hm²,日处理废水量达 1200～1800m³。该工程主体是芦苇湿地,还包括自由水面湿地、天然湿地、人工芦苇床湿地及渗滤湿地,另外,也设置了稳定塘与鱼塘。

各种类型人工湿地的工艺参数如下所述。

水力停留时间 HRT:渗滤湿地 HRT＞10d;自由水面湿地 HRT 为 2～4d;天然湿地 HRT＜10d。

水深:30～40cm(其中 15～20cm 为水层);天然湿地:40～80cm。

进水方式:连续布水。

进水温度:大于 7℃。

5.4.3.2　湿地运作情况

(1)人工芦苇床

人工芦苇床的平均水力负荷 6.2cm/d,有机负荷 90.9kgBOD$_5$/(10^4m^2 · d)。净化效果:BOD$_5$90％,SS 91.6％,NH$_3$-N76.2％,TP87.9％,农药类 89.1％,洗涤剂 LAS 94.6％,氯酚类 82.3％,氯苯类 81.9％,其他苯类 95.0％,大肠杆菌和大肠菌平均去除率 99.0％。经测定,芦苇的维管束系统的根部最大输氧速率为 28.8gO$_2$/(m^3 · d),由此推算出,人工芦苇床的有机负荷,可达 121.5kgBOD$_5$/(10^4m^2 · d)以及氮负荷 24.3kg NH$_3$-N/(10^4m^2 · d)。发生在芦苇床根区的硝化和反硝化作用是去除氮的主要途径,占氮去除总量的 70％;芦苇吸收量仅占 2％。磷去除主要靠土壤物化截留作用,占磷去除总量的 70％;芦苇吸收量占 17％。土壤对磷的吸附容量很大,往往可历百年而不衰。

(2)自由水面湿地系统

自由水面湿地系统占地面积 5845.7m^2,包括 5 组长宽比不一的床块,坡降为 0.2％,芦苇种植密度为 207 株/m^2,表土上层有厚 5cm 的根毡层。采用土壤生物活性进行设计,湿地处理废水量为 200m^3/d。进水 BOD$_5$ 为 150mg/L,水力负荷为 150～200m^3/(10^4m^2 · d),有机负荷为 90.9kg BOD$_5$/(10^4m^2 · d),投配率为 6.2cm/d,出水水质相当于二级处理水平,BOD$_5$ 去除率为 90％,SS 为 91.6％。

（3）渗滤湿地

渗滤湿地的处理废水量为 $1000m^3/d$，集水管埋深为 $1.0\sim1.5m$，在布水区外侧水平距离 $1.0m$ 可连续布水及出水。水力负荷为 $11\sim18m/a$。BOD_5 去除率为 $90\%\sim98\%$，SS 为 $85\%\sim100\%$，TN 为 81%，TP 为 89%，COD 为 $65\%\sim80\%$，出水 BOD_5 小于 $15mg/L$，SS 小于 $20mg/L$，相当于或优于二级处理水平。

该渗滤湿地系统是我国首次占地面积 $40000m^2$ 的示范工程。在研究中发现：床内水流的水平运移时间是垂直运移时间的 $1/4$，造成水流以垂直运动为主，恰是一个垂直流的生物滤池细颗粒介质的生物反应器。为了延长水力停留时间，对其进行改进，设置地下集水管道，将水流方向由垂直运移转变为水平运移为主。湿地采用地表布水、侧向渗流、地下出水（集水）的方式运行，既可延长 HRT，又可改善出流条件，形成特色。

第6章 污泥处理技术

污泥的处理是废水处理中不可避免的问题。通常,城市污水处理厂所产生的污泥约占处理水体积的 0.5%~1.0% 左右,污泥产生量较大。特别是这些大量污染的污泥中含有大量的有机物质、寄生虫卵、病原微生物、重金属离子等,若不处理而随意堆放,将会对环境造成严重的危害。

6.1 污泥概述

6.1.1 污泥的类型

污泥是城市污水和工业废水处理过程中产生的,有的是从废水中直接分离出来的,如初次沉淀池中产生的污泥;有的是处理过程中产生的,如废水混凝处理产生的沉淀物。通常,污泥的分类方法如下。

(1)按污泥中的成分分类

①有机污泥。

所谓有机污泥指的是污泥中含有大量的有机成分,如污泥中含有大量的活性成分以及脱落的生物膜等。有机污泥的特点是容易腐化变质,污泥的颗粒较小,密度较小(约为 1.02~1.006),含水率较高且不容易脱水。但是有机污泥因其流动性好而更便于运输。

②无机污泥。

所谓无机污泥指的是污泥中的成分以无机物为主,无机污泥又称为沉渣。无机污泥的特点是颗粒粗,密度大(密度约为2),含水率较低而容易脱水,但不利于运输。

(2)按照污泥来源分类

①初次沉淀污泥。来自初次沉淀池。

②剩余活性污泥。来自活性污泥法之后的二沉池。

③腐质污泥。来自生物膜法的二沉池。

①、②、③可统称为生物泥或新鲜污泥。

④消化污泥。生物泥经过厌氧消化或好氧消化处理后形成的污泥。

⑤化学污泥。应用化学方法处理污水后产生的沉淀物。

6.1.2 污泥的性质指标

(1)污泥的含水率

所谓污泥的含水率指的是污泥中水分的质量与污泥总质量的百分比。在一般情况下,污泥具有较高的含水量,其密度接近于水的密度($1g/cm^3$)。污泥体积、重量与所含的固体物质之间的关系如下式:

$$V_l/V_2 = W_l/W_2 = (100 - P_2)/(100 - P_1) = C_2/C_1$$

式中,P_1 为污泥含水率,V_1、W_1、C_1 分别为污泥含水率为 P_1 时污泥的体积、重量和固体物质浓度;P_2 为污泥含水率,V_2、W_2、C_2 分别为污泥含水率为 P_2 时污泥的体积、重量和固体物质浓度。

(2)可挥发性固体成分以及灰分

这里的挥发性固体物质基本上等同于有机物质的含量。灰分则代表无机物质的含量。

(3)可消化程度

为了净化污泥,往往需要处理污泥中的有机成分,因此污泥中的有机成分也是消化处理的对象。污泥中的无机物质,有的可以被消化降解成气体或无机物,有的难以发生消化降解,如脂肪、合成有机物等。这里我们用可消化程度表示能够被消化的有机物数量,其公式可表示为:

$$Rd = (1 - P_{v2}P_{s1}/P_{v1}P_{s2}) \times 100$$

式中,Rd 为可消化程度;P_{s1}、P_{s2} 分别表示生污泥和消化污泥中无机物质的含量(百分比);P_{v1}、P_{v2} 分别表示生污泥和消化污泥中有机物质的含量(百分比)。

(4)湿污泥与干污泥相对密度

湿污泥的质量为污泥中的水分质量与剩余固体质量的和。湿污泥的相对密度等于湿污泥质量和等体积水的质量的比值。湿污泥的相对密度可用下式表示:

$$\gamma = 100\gamma_s / [p\gamma_s + (100 - p)]$$

式中,γ 为湿污泥相对密度;p 为湿污泥含水率(百分比);γ_s 为污泥中干固体物质平均相对密度,即干污泥相对密度。

也可以采用下式计算:

$$\gamma = 25000 / [250p + (100 - p)(100 + 1.5p_v)]$$

式中,p_v 为有机物(挥发性固体)所占百分比。

(5)污泥肥分

污泥中含有农作物生长所必需的氮、磷、钾以及各种微量元素和土壤改良剂(有机腐殖质)。

(6)污泥中的重金属

污泥中有一定量的重金属离子含量,这取决于污水中工业废水的量以及工业的性质。经过处理的污水,大约有 50% 的重金属离子残存于污泥中,因此污泥中的重金属离子含量都比较高,在把污泥作为肥料时一定要考虑重金属离子的含量是否超标。

6.2　污泥浓缩工艺

浓缩的主要目的是减少污泥体积,这对于减轻后续处理过程(如消化、脱水、干化和焚烧等)的负担都是非常有利的。如果采用厌氧消化则可以使消化池的容积大大缩小;如果采用好氧处理或者化学稳定处理,则可以节约空气量和药剂用量。如果要进行湿式氧化或焚烧,为了提高污泥的热值,须浓缩以增加固体的含量。

污泥中的水分主要有颗粒之间的间隙水、毛细水以及污泥颗粒表面的吸附水和颗粒的内部水(包括细胞内部水)四类,如图 6-1 所示。四类水分的含义及份额见表 6-1。

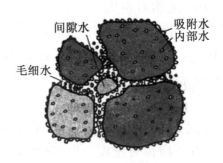

图 6-1 污泥水分示意图

表 6-1 四类水分的含义及份额

水分名称	含义	份额/%
间隙水/空隙水/自由水	存在于污泥颗粒(絮体)空隙间的游离水,并不与污泥直接结合	70
毛细结合水/毛细水	污泥颗粒间毛细管内包含的水(只有靠外力使毛细孔发生变形)	20
表面吸附水(吸附水)	吸附在固形粒子表面,能随固形粒子同时移动	10
内部水/结合水	微生物细胞内的水分	

为了降低污泥中的水分往往采取不同的措施,例如浓缩法能够降低污泥中的间隙水,自然干化法和机械脱水法能够脱掉毛细水,焚烧法能够去除吸附水和内部水。采用不同的方法就有不同的脱水效果,表 6-2 中列举了不同的脱水方法的脱水效果。

表 6-2　不同的脱水方法及脱水效果

脱水方法	脱水反应装置	脱水后污泥的含水率/%
浓缩法	重力浓缩、气浮浓缩、离心浓缩	95～97
自然干化法	自然干化场	70～80
机械脱水法	真空过滤法	60～80
	板框压滤法	45～80
	滚压带式压滤机	78～86
	离心机	80～85
干燥法	各种干燥设备	10～40
焚烧法	各种焚烧设备	0～10

污泥浓缩存在技术界限,如活性污泥的含水率可降低至 97%～98%,初次沉淀污泥(的含水率)可降至 85%～90%。污泥的浓缩方法主要有三种,分别是重力浓缩、气浮浓缩和离心浓缩。这三种方法各有优、缺点,需要根据实际情况做出选择,三种浓缩方法的优点和缺点,见表 6-3。

表 6-3　三种浓缩方法的优点和缺点

方法	优点	缺点
重力浓缩	贮存污泥的能力高,操作要求不高。运行费用低(尤其是耗电少),系统简单,易于管理	占用场地大,浓缩过程中会产生臭气,此方法对某些污泥作用不稳定且经浓缩后的污泥十分稀薄
气浮浓缩	此方法相对密度力浓缩效果好,占用土地面积小,污泥含水率低,能很好地去除油脂,能够避免沙砾混入泥中,产生的臭气量少	运行费用较重力浓缩法高,占地比离心浓缩法大,污泥贮存能力小,系统复杂,管理麻烦
离心浓缩	使用方便,占地面积小,处理能力高,产生的臭气量少	此方法需要专用的离心机,耗电较大,对操作人员的技术要求较高

6.2.1　重力浓缩

根据重力浓缩运行的方式不同,可将重力浓缩分为间歇式浓缩和连续式浓缩两种,对应地,重力浓缩池可分为间歇式和连续式两种。重力浓缩法目前应用最广。

连续式重力浓缩池的基本工作状况如图 6-2 所示。

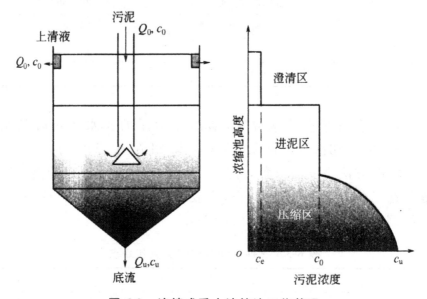

图 6-2　连续式重力浓缩池工作状况

污泥经中心筒进入,浓缩后的污泥经由池底排出,脱出的水分经澄清后经溢流堰溢出。浓缩池可分为三个区域:顶部为澄清区;中部为进泥区;底部为压缩区。进料区的污泥固体浓度与进泥浓度 c_0 大致相同。压缩区的浓度则越往下越浓,到排泥口达到要求的浓度 c_u。澄清区与进泥区之间有污泥面(即浑液面),其高度由排泥量 Q_u 调节,可调节污泥的压缩程度。

根据浓缩需求,浓缩池必须满足以下条件:①上清液必须澄清;②排出的污泥必须达到规定标准;③具有较高的固体回收率。如果一味地增加污泥处理量,则会导致浓缩池的负荷过大,浓缩污泥的固体浓度降低,造成上清液的浑浊;相反,若负荷过小,则会造成污泥在池中过久地停留而产生腐败发酵，产生气体，使得污泥上浮。因此设计过程中都要考虑到各种情况的发生，以避免不良后果的产生。

在设计重力浓缩池时，主要考虑的是水平断面积 A_t。关于该面积的计算方法很多，以下简要介绍其中的两种方法。

（1）沉降曲线简化计算法

该法主要步骤见图 6-3。

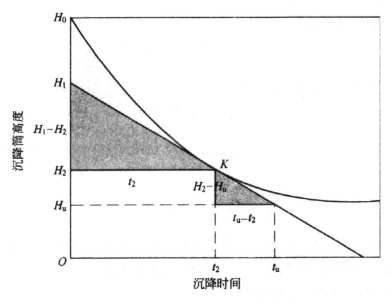

图 6-3　沉降曲线简化计算法求解示意图

①通过沉降试验绘制沉降曲线，求出临界面位置 $K(t_2, H_2)$。

②由关系式 $H_u = H_0 c_0 / c_u$ 求出 H_u，其中 c_u 为所要求的浓缩池池底排泥的浓度，H_u 为沉降曲线上对应 c_u 的浑液面浓度。

③由 H_u 引一条水平线，与过 K 点的切线相交，交点的横坐标为 t_u。

④由 $A_t = Q_0 t_u / H_0$，即可求出浓缩池面积 A_t。

沉降曲线简化计算法的依据如下。

由沉淀筒的物料衡算可得：

$$H_0 A c_0 = H_u A c_u \quad 或 \quad H_u = H_0 c_0 / c_u \qquad (6-1)$$

排出的清水量 V_w 可根据浓缩开始 (t_2, H_2) 与浓缩结束 (t_u, H_u) 的差值计算得出：

$$V_w = A(H_2 - H_u) \tag{6-2}$$

产水率可通过一段时间排出的清水量与该段时间的比值，产水率 Q' 表示如下：

$$Q' = \frac{V_w}{t_u - t_2} = \frac{A(H_2 - H_u)}{t_u - t_2} \tag{6-3}$$

在临界点 K 引一条切线，就能得到浓缩开始 (t_2, H_2) 时的浑液面下降速度 v_2：

$$v_2 = \frac{H_1 - H_2}{t_2} \tag{6-4}$$

此时的瞬时产水率 Q'' 为：

$$Q'' = Av_2 = \frac{A(H_1 - H_2)}{t_2} \tag{6-5}$$

当浓缩池处于连续稳态工作时，Q' 和 Q'' 相等，同为溢流率，即：

$$\frac{H_2 - H_u}{t_u - t_2} = \frac{H_1 - H_2}{t_2} \tag{6-6}$$

如图 6-3 所示，由 H_u 引水平线，交于过 K 点的切线，其横坐标为 t_u，即得两个相似三角形。相似边能满足式(6-6)，故由 H_u 绘图求 t_u 的方法正确无误。

在 t_u 时间内，进入浓缩区的平均固体量为 $c_u H_u A_t$，则单位时间平均固体浓缩率为：

$$\frac{c_u H_u A_t}{t_u} \text{或} \frac{c_0 H_0 A_t}{t_u} \tag{6-7}$$

在连续稳态条件下，进入浓缩池的固体流入率 $(Q_0 c_0)$ 应等于浓缩池的固体浓缩率：

$$Q_0 c_0 = \frac{c_0 H_0 A_t}{t_u} \text{或} A_t = \frac{Q_0 t_u}{H_0} \tag{6-8}$$

（2）固体通量曲线法

固体通量是指单位时间内通过浓缩池某一断面单位面积的固体质量，单位为 $kg/(m^2 \cdot h)$。在连续重力浓缩池内，通过浓缩

池任一浓缩断面 i 的固体通量 G 等于浓缩池底部连续排泥所造成的底流牵动通量 G_u 和污泥自重压密所造成的固体静沉通量 G_i 之和：

$$G=G_u+G_i=uc_i+v_ic_i \tag{6-9}$$

式中，u 为由于底部排泥导致产生的界面下降速度，大小为底部排泥量 Q_u 与浓缩池断面积 A_t 的比值。浓缩池连续工作时，维持底流排泥量 Q_u 不变，故 u 为一常数值，即 G_u 与 c_i 成直线关系，如图 6-4(b)中直线 1。运行资料统计表明：活性污泥浓缩池的 u 一般为 0.25～0.51m/h。v_i 为固体浓度为 c_i 时的界面沉速，它可通过在固体浓度为 0 的沉降曲线上过起点作切线而求得，如图 6-4(a)所示，$c_i=H_0/t_i$。针对不同 c_i 有不同的 v_i，因此固体静沉通量的 G_i 与 c_i 关系亦可以确定，见图 6-4(b)中的曲线 2。可以看到曲线有一左界限，因为当固体浓度太低时，不会出现泥水界面，即存在一个形成泥水界面的最低浓度 c_m。c_i 为 i 断面上的固体浓度。

固体通量 G 可由图 6-4(b)直线 1 和曲线 2 叠加求得(曲线 3)。图中 c_l 为极限固体浓度，c_u 为底部排放污泥的浓度。

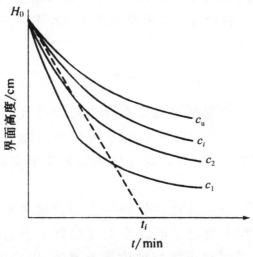

(a) 不同浓度的界面高度与沉降时间关系

图 6-4　静态浓缩试验

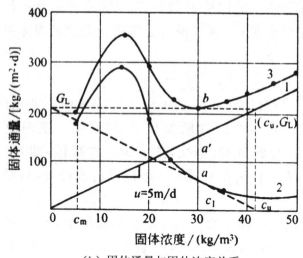

（b）固体通量与固体浓度关系

图 6-4　静态浓缩试验（续）

假定池顶溢流固体浓度为零，在稳态工作状态下，固体的总量可用固体通量和断面积的乘积来表示，即 $A_t G = Q_0 c_0$。若进入浓缩池的总固体量保持不变，为 $Q_0 c_0$，此时 G 越小，则 A_t 越大，采取最小通量 G_L 时，所对应的面积 A_t 即为浓缩池的设计面积，这是最为可靠的一种设计。将最小通量反映在图 6-4（b）上，就是曲线 3 的最低点 b。

$$A_t = \frac{Q_0 c_0}{G_L} \tag{6-10}$$

重力浓缩可以根据试验数据来进行设计计算，但是在处理工业废水方面，由于污泥种类的不同在处理能力上有所差距。因此，在污泥的处理中最好通过试验来确定活泥负荷和截面积的大小。

间歇式重力浓缩池在设计原理上与连续式相似，其结构如图 6-5 所示。在浓缩池不同深度上都设置了上清液排除管，目的是在运行时及时排出浓缩池中的上清液，以确保有足够大的池容处理更多的污泥。一般情况下，间歇式浓缩池的浓缩时间一般为 8～12h。

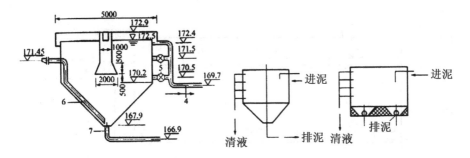

（a）带中心管间歇式浓缩池　　　（b）不带中心管间歇式浓缩池

图 6-5　间歇式重力浓缩池

6.2.2　气浮浓缩

重力浓缩法对于重质污泥而言具有良好的处理效果,但是对于轻质污泥（相对密度接近于 1）而言,重力浓缩法的处理效果并不好。鉴于轻质污泥的难处理性,在处理轻质污泥时常采用气浮浓缩法。图 6-6 所示为气浮浓缩法的工艺流程。澄清水由池底引出,其中一部分排出池外,另一部分通过水泵得到回流。然后使用水射流器或者空气压力机将空气压入水中。溶解了空气的水经过减压阀而进入混合池,这样新的污泥与溶气水融合在一起。经过减压处理的溶气水能够携带同类物质上浮形成表面浮渣,采用刮板将表面浮渣刮干净。采用这种方式的优点是节约水资源、操作方便,其缺点是增加了回流的耗电量。

气浮浓缩池的设计按照如下步骤进行。

（1）确定主要的参数

首先要搞清楚气浮浓缩池设计的关键,搞清楚气固比、水力负荷和气浮停留时间。

气固比指的是气浮时有效的空气总质量与入硫污泥中固体总质量的比值,用 A_a/S 表示。气浮效果与气固比成正比,其值一般采用 0.03～0.1,也可通过气浮浓缩试验确定。

水力负荷 q 的取值范围在 1.0～3.6m^3/（m^2・h）,一般用 1.8m^3/（m^2・h）。

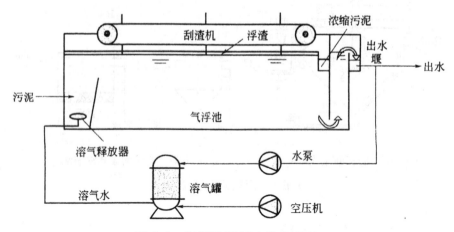

图 6-6　气浮池及压力溶气系统

气浮停留时间 t 与上浮污泥浓度有关，参见图 6-7。

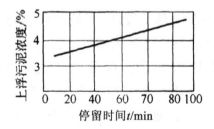

图 6-7　停留时间与上浮污泥浓度的关系

（2）回流比 R

回流比可通过下式计算：

$$\frac{A_a}{S} = \frac{S_a R(fP-1)}{c_0} \qquad (6-11)$$

式中，A_a 为气浮池释放的气体量，单位为 kg/h，在数值上等于进池与出池的气体溶解量之差；S 为流入的污泥固体量，单位为 kg/h；c_0 为污泥浓度，单位为 kg/m³；R 为回流比，一般采用 $R \geqslant 1$；S_a 为常压下空气在回流中的饱和浓度，单位为 mg/L，20℃ 时，$S_a = 24$mg/L；P 为溶气罐压力（绝对压力），一般采用 2～4kg/m³；f 为溶气水的空气饱和度，一般气浮系统中 $f = 0.5 \sim 0.8$，在 H-R

型系统中 f 可达 0.95。

（3）气浮池面积 A

$$A = \frac{Q_0(R+1)}{q} \tag{6-12}$$

式中，Q_0 为入流污泥流量，单位为 m^3/h。

（4）池深 H

$$H = \frac{t(R+1)Q_0}{A} \tag{6-13}$$

关于气浮浓缩池的设计还可以参考成熟经验和以往的资料。但是由于污泥的性质各不相同且浓度也不相同，另外，关于是否选用添加浮选剂，应考虑气浮池的固体负荷和水力负荷，因此，在设计时最好结合最为相似的资料进行对比试验。

6.2.3　离心浓缩

离心浓缩的原理是污泥中固体颗粒与水的密度不同，因而在高速旋转的离心机中，固体物质和水因为受力的不同而产生分离。离心浓缩的特点是效率高、耗时少、操作简单、占地少，比较适合轻质污泥的分离，鉴于上述优点，离心浓缩被广泛应用。

用于污泥浓缩的离心机种类有转盘式离心机、篮式离心机和转鼓离心机等。各种离心浓缩的运行效果（所处理污泥均为剩余活性污泥）见表 6-4。

表 6-4　各种离心浓缩的运行效果

离心机	$Q_0/(L/s)$	$c_0/\%$	$c_u/\%$	固体回收率/%
转盘式	9.5	0.75~1.0	5.0~5.5	90
转盘式	3.2~5.1	0.7	5.0~7.0	93~87
篮式	2.1~4.4	0.7	9.0~10	90~70
转鼓式	4.75~6.30	0.44~0.78	5~7	90~80
转鼓式	6.9~10.1	0.5~0.7	5~8	65（加少许混凝剂）

除了上述列举的离心设备外,还有一种较为常用的离心设备是离心筛网浓缩器,其构造如图 6-8 所示。其工作原理概括如下:污泥从中心分配管进入浓缩器,筛网笼在低速旋转下隔滤污泥,最后被浓缩的污泥从出水室排出。

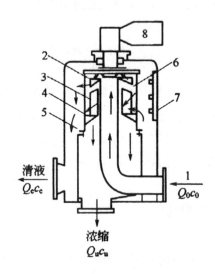

1—中心分配管;2—进水布水器;3—排出管;4—旋转筛网笼;
5—出水集水室;6—调节流量转向器;7—反冲洗系统;8—电动机。

图 6-8 离心筛网浓缩器

离心筛网浓缩器的性能可用三个指标表示:①浓缩系数,浓缩污泥浓度与入流污泥浓度的比值。②分流率,清液流量与入流污泥流量的比值。③固体回收率,浓缩污泥中固体物总量与入流污泥中固体物总量的比值。

离心筛网浓缩器主要的设计参数是固体负荷和面积电力负荷。

在活性污泥法混合液的浓缩中常采用离心筛网浓缩器,采用这种方式能够减少二沉池的负荷和曝气池的体积。浓缩后的污泥回流到曝气池,分离液因固体浓度较高,应流入二沉池做沉淀处理。因为离心筛网浓缩器的回收率较低,造成出水浑浊,所以一般情况下不考虑将离心筛网作为唯一的浓缩设备。

6.3 污泥消化、干化与脱水

6.3.1 污泥消化

6.3.1.1 污泥厌氧消化

（1）厌氧消化的原理

所谓厌氧消化指的是污泥中的有机成分在无氧的条件下和厌氧细菌发生作用，最终厌氧细菌将有机物质分解为甲烷和二氧化碳。这种污水处理方法较为经济，也是国际上常用的污泥处理方式之一。

厌氧消化主要分为以下三个阶段。

第一阶段，污泥中的有机物质经过水解和发酵的作用，促使碳水化合物、蛋白质、脂肪等转化为单糖、氨基酸以及甘油和二氧化碳等。这一阶段主要有细菌、原生动物和真菌参与了反应，故它们又被称为水解和发酵细菌。

第二阶段主要是第一阶段产物在产氢产乙酸菌的作用下发生转化。产氢产乙酸菌将第一阶段的产物转化为氢、二氧化碳和乙酸。这一阶段主要参与反应的微生物为产氢产乙酸菌和同类乙酸菌。

第三阶段主要是在两组性质不同的产甲烷菌的作用下，把氢、二氧化碳转化为甲烷或对乙酸脱羧产生甲烷发酵阶段，脂肪酸在专性厌氧菌-产甲烷的作用下转化为 CH_4 和 CO_2。

其过程如图 6-9 所示。

（2）影响厌氧消化的因素

甲烷的发酵阶段是厌氧消化的中心环节，影响厌氧消化的因素如下。

①温度。根据甲烷菌对温度的适应程度,可将甲烷菌分为中温甲烷菌(30℃~36℃)和高温甲烷菌(50℃~53℃)。随两区间的温度上升,消化速度却下降。温度还影响消化的有机负荷、产气量和消化时间。

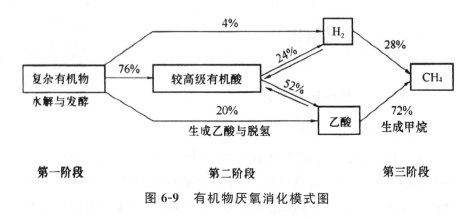

第一阶段　　　　　　　　　第二阶段　　　　　　　　第三阶段

图6-9　有机物厌氧消化模式图

②生物固体停留时间(污泥龄)与负荷。有机物降解程度是污泥泥龄的函数,而不是进水有机物的函数。消化池的容积设计应按有机负荷、污泥泥龄和消化时间来设计。

③搅拌和混合。厌氧消化的原理是细菌体的内酶、外酶与底物接触反应,所以反应时必须混合均匀。常采用的搅拌方法有消化气循环搅拌法、混合搅拌法和泵加水射器搅拌法。

④营养和C/N(碳氮化)。微生物的生长所需要的营养物质由污泥提供。相关研究表明C/N在(10~20)∶1可保证正常的消化,如果C/N过高,氮源不足,pH容易下降;如果C/N过低,铵盐积累,抑制消化。

⑤氮的守恒和转化。在厌氧消化池中,保持氮的平衡是非常重要的。虽然所有的硝酸盐都被还原成氮气并存在于消化气中,但是氮仍然存在于系统中。由于细胞的增殖很少,只有很少的氮转化到细胞中去,大部分可生物降解的氮都转化为消化液中的 NH_3,所以消化液中的氮的浓度普遍高于进入消化池的原污泥。

⑥有毒物质。有毒物质对消化菌有着强烈的影响,表6-5列

举了部分有毒物质对消化菌影响的毒阈浓度,一旦超过此浓度,消化菌的生存会受到强烈的抑制,甚至会被杀死。

表 6-5　一些有毒物质的毒阈浓度

物质名称	毒阈浓度（mmol/L）	物质名称	毒阈浓度（mmol/L）
碱金属和碱土金属 Ca^{2+}、Mg^{2+}、Na^+、K^+	$10^{-1}\sim10^4$	胺类	$10^{-5}\sim11$
重金属 Cu^{2+}、Ni^+、Hg^+、Fe^{2+}	$10^{-5}\sim10^{-3}$	有机物	$10^{-6}\sim11$
H^+ 和 OH^-	$10^{-6}\sim10^{-4}$		

（3）厌氧消化的运行方式

消化池的运行方式主要有一级消化、多级消化（常用二级消化）和厌氧接触消化三种。

①一级消化。一级消化是指一般消化,常常是将几个同样的消化池并联起来,每个消化池各自单独完成全部的消化过程。其工艺特点为:采用新鲜污泥在投配池内预热和消化池内蒸汽直接加热相结合的方法加热污泥,以池内预热为主。采用沼气循环搅拌方式进行消化池搅拌。消化池产生的沼气供锅炉燃烧,锅炉产生蒸汽除用于消化池加热外,并入车间热网供生活用气。

②二级消化。由于污泥中消化有机物分解程度为45％～55％,消化后不够稳定,并且熟污泥的含水率较新鲜污泥高,增大了后续处理的负荷。为了解决上述问题,可将消化一分为二,污泥在第一消化池中消化到一定程度后,再转入第二消化池,以便利用余热进一步消化有机物,这种运行方式为二级消化。

二级消化过程中,污泥消化在两个池子中完成,其中第一消化池有集气罩、加热搅拌设备,不排除上清液,消化时间为 7～10d。第二消化池不加热、不搅拌,仅利用余热继续进行消化,消化温度约为 20℃～26℃。由于第二消化池不搅拌,还可以起到污泥浓缩的作用。二级消化池的总容积大致等于一级消化池的容积,两级各占 1/2,加热所需的热量及电耗都较省。

③厌氧接触消化。由于消化时间受甲烷细菌分解消化速度

控制,因此如果用回流熟污泥的方法,可以增加消化池中甲烷细菌的数量和停留时间,相对降低挥发物和细菌数的比值,从而加快分解速度,这种运行方式叫作厌氧接触消化。厌氧接触消化系统中设有污泥均衡池、真空脱气器和熟污泥的回流设备。回流量为投配污泥量的1~3倍。采用这种方式运行,由于消化池中甲烷菌的数量增加,有机物的分解速度增大,消化时间可以缩短12~24h。

6.3.1.2 污泥好氧消化

污泥厌氧消化运行管理要求高,消化池需密闭,池容大,池数多,因此污泥量不大时可采用好氧消化,即在不投加其他底物条件下,对污泥进行较长时间曝气,使污泥中的微生物处于内源呼吸阶段进行自身氧化。但由于好氧消化需投加曝气设备,能耗大,因此多用于小型污水处理厂。

(1)好氧消化原理

污泥好氧消化处于内源呼吸阶段,细胞质反应为:

$$C_5H_7NO_2 + 7O_2 \rightarrow 5CO_2 + 3H_2O + H^+ + NO_3^-$$

由反应式可以得出:氧化1kg细胞质需要约2kg氧。处理过程中由于pH降低,因此要调节碱度。池内的溶解氧不能低于2mg/L,并应使污泥保持悬浮状态,因此必须要有足够的搅拌强度。污泥含水率在95%左右,以便搅拌。

(2)好氧消化池的构造

好氧消化池在构造上和完全混合式活性污泥曝气池的构造十分类似,其构造图如图6-10所示。好氧消化池的主要部分为:①消化室,消化室的主要作用是进行污泥消化。②污泥分离室,污泥分离室的作用是回流污泥沉淀并排出上清液。③消化污泥排除管,是污泥排除的通道。④曝气系统,曝气系统由压缩空气管与中心导流筒组成,提供氧气并对污泥进行搅拌。

消化池底坡 i 不小于0.25,水深决定于鼓风机的风压,一般采用3~4m。

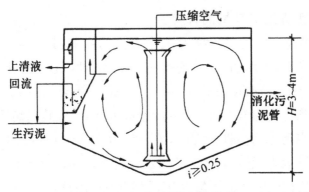

图 6-10　好氧消化池的构造

（3）好氧消化池的设计

好氧消化池的设计参数见表 6-6。

①以有机负荷 S 为参数计算 V。

好氧消化池的容积计算式为：

$$V = Q_0 X_0 / S \tag{6-14}$$

式中，Q_0 为进入好氧消化池生污泥量，单位为 m^3/d；X_0 为污泥中原有生物可降解挥发性固体浓度，单位为 $g \cdot VSS/L$；S 为有机负荷，单位为 $kg \cdot VSS/(m^3 \cdot d)$。

表 6-6　好氧消化池设计参数

序号	设计参数	数值
	污泥停留时间（d）	—
1	活性污泥	$10 \sim 15$
	初沉淀池、初沉污泥与活性污泥混合	$15 \sim 20$
2	有机负荷 $[kg \cdot VSS/(m^3 \cdot d)]$	$0.38 \sim 2.24$
	空气需要量（鼓风曝气）$[m^3/(m^3 \cdot min)]$	—
3	活性污泥	$0.02 \sim 0.04$
	初沉淀池、初沉污泥与活性污泥混合	$\geqslant 0.06$
4	机械曝气所需功率 $[kw/(m^3 \cdot 池)]$	$0.02 \sim 0.04$
5	最低溶解氧（mg/L）	2
6	温度（℃）	>15
7	挥发性固体（VSS）去除率（%）	50 左右

②好氧消化空气量的计算。

好氧消化所需空气量满足两个方面的需要：其一满足细胞物质自身氧化需要，当活性污泥进行好氧消化时，自身氧化需气量为 $0.015 \sim 0.02 m^3/(min \cdot m^3)$，当初次沉淀污泥与活性污泥混合时，自身氧化需气量为 $0.025 \sim 0.03 m^3/(min \cdot m^3)$；其二是满足搅拌混合需气量，当污泥为活性污泥时，需气量为 $0.02 \sim 0.04 m^3/(min \cdot m^3)$，当污泥为混合污泥时，需气量为不少于 $0.06 m^3/(min \cdot m^3)$。由此可见，混合污泥的需气量大于活性污泥，因此在工程设计中，要计算好这一指标。

6.3.2　污泥干化

自然干化可分为晒沙场和干化场两种。晒沙场用于沉砂池沉渣的脱水。干化场用于初次沉淀污泥、腐殖污泥、消化污泥、化学污泥及混合污泥的脱水。干化后的污泥饼含水率一般为 $75\% \sim 80\%$，污泥体积可缩小到原体积的 $1/10 \sim 1/2$。

（1）晒沙场

晒沙场一般做成矩形，有混凝土底板，四周有围堤或围墙。底板上设有排水管及一层厚 800mm、粒径 $50 \sim 60mm$ 的砾石滤水层。沉砂经重力或提升排到晒沙场后，很容易晒干。深处的水由排水管集中回流到沉砂池前与原污水合并处理。

（2）干化场

污泥干化的场所称为污泥干化场。常见的干化场有两种，分别是自然滤层干化场与人工滤层干化场。自然滤层干化场适用于渗透性良好的土地以及地下水位较低的地区。所谓人工滤层干化场是指其干化滤层是人工铺设的。图 6-11 所示为滤层干化场的构造图。它由不透水底板、排水系统、滤水层、输泥管、隔墙及围堤等部分组成。如果是盖式的，还有支柱和顶盖。

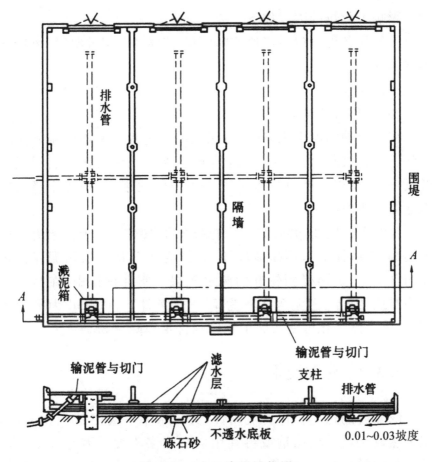

图 6-11　人工滤层干化场

不透水底板由 200～400mm 厚的黏土或 150～300mm 厚的三七灰土夯实而成,也可用 100～150mm 厚的素混凝土铺成。底板具有 0.01～0.03 的坡度坡向排水系统。

排水管道系统用 100～150mm 陶土管或盲沟做成,管头接头处不密封,以便进水。管中心距为 4～8m,坡度为 0.002～0.003,排水管起点覆土深为 0.6m 左右。

滤水层下层用粗矿渣或砾石,厚度为 200～300mm,上层用细矿渣或砂,厚度为 200～300mm。

隔墙与围堤把整个干化场分隔为若干块,轮流使用,以便提高干化场的利用率。

影响干化场的因素如下。

①气候条件。包括当地的降雨量、蒸发量、相对湿度、风速和年冰冻期。

②污泥性质。

（3）强化自然干化

在传统的污泥干化床中，污泥在干化过程中基本处于静止堆积状态，当表面的污泥干化后，其所形成的干化层在下层污泥上形成一个"壳盖"，严重影响了下层污泥的脱水，是干化床蒸发速率低的主要原因。

针对上述问题，强化自然干化技术采取对污泥干化层周期性地翻倒（机械搅动），不断地破坏表层"壳盖"，使表层污泥保持较高的含水率，从而得到较好的脱水效果。实际操作中，在污泥层平均厚度 40cm、污泥含水率为 76％ 的条件下，以 45d 为平均周期，强化自然干化可使污泥干化后的含水率降至 35％ 左右。

6.3.3　污泥脱水

浓缩后的污泥仍保持流动性，其含水率一般在 96％ 左右，体积仍然较大，堆放、运输或再利用仍有诸多不便。因此必须采取进一步的脱水措施，使其中的固体部分得到富集，进一步减少污泥体积。经过脱水的污泥含水率一般在 60％～85％。

脱水后的污泥需进一步干燥处理，以去除其中绝大部分的毛细水。经干燥处理后，污泥含水率可降至 10％～30％ 左右。而焚烧可将干燥污泥中的表面附着水和内部结合水全部去除，使含水率降至零，甚至可破坏全部有毒、有害有机物，杀灭所有病原微生物，并最大限度地减少污泥体积。

污泥脱水的目的是去除污泥中的毛细水和表面附着水，进一步缩小其体积，减轻其质量。污泥脱水方法较多，一般分为自然干化脱水、机械脱水和烘干等几大类。

（1）污泥的自然干化脱水

为了方便操作，工程上有时会采用污泥干化床对污泥进行自然干化脱水。污泥干化床也称为污泥干化场或者晒泥场。含水较高的污泥在场地上平铺开来形成污泥薄层,由于自然地蒸发和渗透,最后变成干燥的污泥,这时污泥的体积减小、失去了流动性。经过自然脱水后污泥的含水率降至 $65\%\sim75\%$。

污泥干化床示意图如图 6-12 所示,其四周筑有围堤(一般为土质),中间用隔墙或木板将其分成若干块,每块宽度一般不大于 10m,围堤高 $0.5\sim1.0$m,顶宽 $0.5\sim1.0$m,围堤两边坡度取 1:1.5。围堤上设输泥槽,输泥槽上每隔一定距离设一放泥口。输泥槽坡度常取 $0.01\sim0.03$。干化床通常设有滤水层和人工排水层。滤水层一般分上、下两层。上层通常是粒径为 $0.5\sim1.5$mm 的砂层,其厚度一般在 $10\sim20$cm。为便于污泥流动,上面砂层需有一定坡度,一般在 $0.005\sim0.010$。下层滤料一般采用砾石块、碎砖或矿渣铺成,厚度通常为 $10\sim20$cm。在滤水层下面铺设直径为 $100\sim150$mm 的陶土管,为接纳下渗污泥水,管子连接处不密封。相间 $4\sim8$m 设一条排水管,排水管坡度为 $0.0025\sim0.0050$,排水管最小埋深为 $1\sim1.2$m。收集污泥水的排水干管也可采用陶土管,其装设坡度采用 0.008 为宜。排水层下可设不透水层。不透水层通常采用黏土做成,厚度宜取 $0.2\sim0.4$m,且应有 $0.01\sim0.02$ 的坡度。

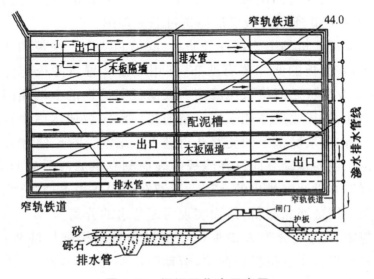

图 6-12　污泥干化床示意图

设计干化床主要是确定其面积,干化床面积可按下式计算:

$$A = \frac{W}{\delta} \qquad (6\text{-}15)$$

式中,A 为污泥干化床的有效面积,单位为 m^2;W 为每年的总污泥量,单位为 m^3/a;δ 为在一年内排放在干化床上的污泥层总厚度,单位为 m。

δ 值与污泥性质、气候条件等因素有关,一般在 $1.0 \sim 1.5m$ 之间取值。

污泥干化床脱水是最简单经济的脱水方法,其建设投资和运行费用均较小,但需占用大片土地,干化过程受气候条件影响较大,卫生条件差,一般很少采用。

(2)污泥的机械脱水

机械脱水是目前世界各国普遍采用的污泥脱水方法。脱水机械主要有板框压滤机、带式压滤机和离心过滤机等。

①板框压滤机。

板框压滤机是加压过滤机械的一种,通常为间歇操作,基建设备投资较大,操作管理比较麻烦,且滤布容易损坏,过滤能力也较低。但其具有构造简单、推动力大、形成的滤饼含水率低、滤液比较清澈、调理药品消耗量少等许多优点,故在国内外得到广泛应用。图 6-13 所示为板框压滤机过滤原理图。

板框压滤机的主要部件是滤板、滤框和滤布。滤板和滤框相间排列,在滤板的两侧覆有滤布,并用压紧装置将滤板与滤框压紧,因而在滤板之间构成压滤室。在滤板和滤框的上端相同部位开设小孔,则压紧后各孔连成一条通道。污泥被加压后由该通道进入,经由每块滤框上的支路孔道进入压滤室。图 6-13 中箭头所示的是污泥的运动方向。在滤板的表面刻有供滤液下流的沟槽,下端则设有供滤液排出的孔道。滤液在压力作用下通过滤布,而污泥颗粒则被滤布截留,从而实现污泥与水的分离。

板框压滤机分为人工板框压滤机和自动板框压滤机两种。由于自动板框压滤机操作简单,劳动强度小,效率较高,故人工板框压滤机逐渐被自动板框压滤机所替代。

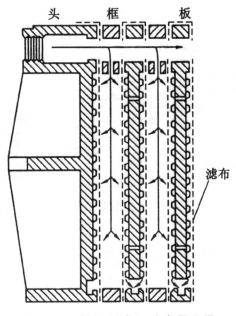

图 6-13　板框压滤机过滤原理图

②带式压滤机。

常用的带式压滤机是滚压带式压滤机,如图 6-14 所示。

该种压滤机由滚压轴及滤布带组成。压力施加在滤布带上,污泥在两条压滤带间受到挤压,因滤布的压力或张力而使污泥脱水,无须真空或加压设备,动力消耗也少,且可连续化生产。

在实际操作上,污泥先进入浓缩段,依靠重力过滤脱水而得到浓缩(10～20s),使污泥失去流动性,避免在压榨段被挤出滤布。然后进入压榨段压榨脱水,压榨时间通常为 1～5min。

滚压方式通常有两种:一种是滚压轴上、下相对设置,压榨是瞬时的,但压力较大,见图 6-14(a);另一种是滚压轴上、下错开设置,依靠滚压轴施于滤布的张力压榨污泥,这种方式压力较小,故压榨时间较长,但在滚压过程中,污泥受到的剪切作用有利于其脱水,见图 6-14(b)。

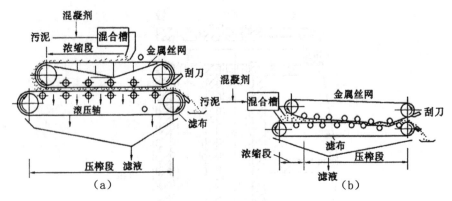

图 6-14　滚压带式压滤机

压滤机的过滤能力计算公式为：

$$L = \frac{G}{(1+n)St} \qquad (6-16)$$

式中，L 为对污泥的过滤能力（不计调理剂的影响），单位为 kg 干污泥/（$m^2 \cdot h$）；G 为滤饼干重，单位为 kg；n 为混凝剂与干污泥的质量比；S 为有效过滤面积，单位为 m^2；t 为总过滤时间，t＝进泥时间＋压滤时间＋出泥时间，单位为 h。

③离心过滤机。

离心过滤机利用离心分离原理，依靠转筒产生的离心力，使污泥中的固体与液体分离。这种方法具有设备占地少、效率高、操作简单、自动化程度高等优点，缺点是对污泥预处理要求较高，设备易磨损。

根据离心机的形状，用于污泥过滤脱水的离心机可分为转筒式和盘式等，其中转筒式离心机在污泥脱水中应用最广，其主要部件有转筒、螺旋输送器、空心转轴（进料管）、变速箱、驱动轮等，其结构如图 6-15 所示。

污泥通过空心转轴的分配孔连续进入转筒内，随着高速旋转的转筒作离心运动，实现固液分离。螺旋输送器与转筒同向旋转，但转速不同，二者的相对转动使污泥饼被推出排泥口，分离液则从另一端排出。

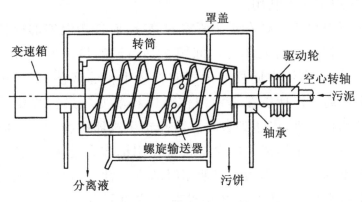

图 6-15　转筒式离心机

　　离心机的分离能力可用分离因素(ψ)来表示,分离因素就是离心力与重力的比值,其计算公式如下:

$$\psi=\frac{F}{G}=\frac{\dfrac{\omega^2 r}{g}G}{G}=\frac{\omega^2 r}{g}=\frac{n^2 r}{900} \qquad (6\text{-}17)$$

　　式中,ψ 为分离因素;F 为离心力,单位为 N;G 为重力,单位为 N;ω 为角速度,单位为 1/s;r 为转筒的旋转半径,单位为 m;g 为重力加速度,单位为 m/s²;n 为转速,单位为 r/min。

　　根据分离因素的大小,离心机可分为低速离心机(ψ 为 1000~1500)、中速离心机(ψ 为 1500~3000)、高速离心机(ψ 为 3000 以上)三类。在采用离心机脱水时,因高速离心机转速快,对脱水泥饼的冲击和剪切作用力较大,故一般采用高速离心机来对污泥进行脱水处理。

6.4　污泥处置

　　经处理后的污泥最终的处置方式有农业利用、建材利用和填海造陆等。

（1）农田绿地利用

污泥中往往含有农作物所需的养分，而且污泥能够保持土壤的肥分，因此，将污泥作为田间肥料是污泥的最佳处置方法。需要指出的是：污泥中同样有危害农作物生长的病菌、寄生虫卵以及重金属离子。所以在将污泥作为肥料前要先进行稳定化处理或堆肥熟化处理，以达到去除病菌和寄生虫卵的作用。同时要保证污泥中的重金属离子的含量符合使用标准。近年来，各个国家越来越重视污泥在作为肥料使用时的安全性，不但对污泥无害化的要求越来越高，还要求严格控制单位面积污泥的使用量，这在一定程度上限制了污泥肥料化的进程。

没有经过消化处理的脱水泥饼用于土地施肥时，因为污泥中含有较多的有机物，所以很容易发生腐化，同时由于其高的含水率（约 $70\% \sim 80\%$），非常不利于施肥操作，通常需要将泥饼在野外进行长期的堆放以达到熟化，再用以施肥。污泥经过焚烧，其灰烬中含有大量的无机物质，如磷、镁和铁，这是植物必需的无机肥料，但是在施肥时灰烬容易飞舞，故常采用湿法施肥。

（2）建筑材料利用

重金属和有害物质含量较高的工业废水中的污泥不能作为肥料使用，为了实现废物利用，可以将污泥无机化处理后作为建材使用。但是污泥在无机化过程中会产生有毒的气体，而且会消耗一定的电能，因此在考虑将污泥作为建筑材料时必须权衡利弊，同时还要考虑污泥无机化过程带来的气体。

污泥作为建筑材料时主要是制作红砖和纤维板材。污泥常用的制砖方法有两种：一种是利用干化的污泥直接制砖；另一种是用污泥焚烧灰制砖。在使用干化污泥直接制砖时应根据制砖的要求调整污泥的成分，使其与制砖的黏土的成分相当。通常，制砖黏土的化学成分要求为（%）：SiO_2 56.8～88.7，Al_2O_3 4.0～20.6，Fe_2O_3 2.0～6.6，CaO 0.3～13.1，MgO 0.1～0.6，其他 0～6.0。

利用污泥焚烧灰制砖，焚烧灰的化学成分与制砖黏土的化学成分是比较接近的。制坯时应加入适量的黏土和硅砂。最适宜配料比(质量比)为焚烧灰：黏土：硅砂＝100：50：(15～20)。

采用污泥制作生化纤维板,利用的是污泥中的蛋白质成分,如有机物与球蛋白酶,这些物质能够溶解于水、稀酸、稀碱以及中性盐溶液中。在碱性条件下,加热、干燥、施压后,污泥的性质会发生变化,从而制成活性污泥树脂,然后和漂白、脱脂处理的废纤维压制成板材,即生化纤维板。生化纤维板的放射性强度为 1.43×10^{-9} Ci/kg,低于水泥的放射性强度 1.55×10^{-9} Ci/kg。

(3)污泥填埋处置

污泥需要填埋处理时,需对污泥进行无害化处理,同时还要对填埋场地进行改造。

污泥的填埋有两种方式:一是填陆地;二是填海。污泥可以单独填埋,也可以与其他废弃物一起填埋。填埋场地设计目标年限一般为 10 年以上。

污泥填地的要求如下。

①必须设立醒目的标识,还要设立栏杆围起来。

②填埋场附近的废水必须经常处理,以免高浓度的有机废水造成地下水源和地表水源的污染。

③防止臭味的扩散,同时还要避免蚊蝇的大量聚集和繁殖以及鼠类大量繁殖。

④若灰烬的挥发分为 15% 以下,可以采用不分层的填埋方式。

⑤没有经过焚烧的污泥,通常要分层填埋。对生污泥进行填埋时,污泥层和砂土层的厚度各为 0.5m,且生污泥的厚度最高不超过 0.5m,这样的交替填埋能够避免污泥的全面腐败。除此之外,在污泥填埋场附近设立通风装置。

污泥填海时必须遵从以下方案。

①设立护堤,不能使污泥污染到海水,渗水必须收集处理。

②填海的生污泥、焚烧污泥中含有一定的重金属离子,在填海之前一定要保证污泥的重金属离子不超标。

（4）污泥投海处置

在沿海地区,可考虑将污泥直接投入海中,但前提是污泥要经过消化处理。可以采用管道输送或船运的方式将污泥投入海中。在这方面,英国有比较成熟的经验,根据英国的经验,投海区域最好选在距离海岸线 10km 以外、深 25m、潮流水量为污泥量的 500～1000 倍之处,由于海水具有良好的自净化功能,因此可以保证海水不被污染。

目前,生活污水和工厂废水的量都在急剧增长,为了保护海洋,污泥投海处理的方式逐渐被淘汰。

6.5   沼气的应用

污泥和高浓度有机污水的厌氧消化均会产生大量的沼气。沼气的热值很高,是一种可利用的生物能源,具有一定的经济价值。在设计消化池时必须考虑相应的沼气收集、贮存和安全等配套设施,以及利用沼气加热入流污泥和池液的设备。一般对日处理能力在 $1 \times 10^5 \mathrm{m}^3$。大型二级处理设施产生的污泥,宜采用厌氧消化制沼气。城市污水厂沼气的有效利用,不但可以解决污泥出路问题,而且对节能和降低运行费用都有很大意义。

沼气的主要成分是甲烷(CH_4),一般污水厂消化气中甲烷的含量约为 60%～70%,CO_2 含量约为 20%～25%,其他各种气体如 H_2S、水蒸气等约占 5%～15%。沼气的利用途径很多,目前在实际工程中主要用于沼气发电和用沼气发动机带动鼓风机。沼气发电技术复杂,投资高,其推广应用的关键是发挥沼气发电效益高的优势。天津东郊污水厂沼气发电并网运行于 1998 年并获得成功,是污水厂利用污泥生产沼气的一个例证。表 6-7 所列为沼气的主要组成。

表 6-7　沼气的主要组成成分

成分	百分比/%	成分	百分比/%
甲烷(CH_4)	50～80	氢气(H_2)	<1
二氧化碳(CO_2)	20～40	氧气(O_2)	<0.4
氮气(N_2)	0～5	硫化氢(H_2S)	0.1～3

沼气中甲烷含量与污泥成分有关，一般碳水化合物产生的沼气中甲烷含量仅为 50%，脂肪与蛋白质产生的沼气中甲烷含量则可达 70%。表 6-8 是污泥中各组分的产气量情况。

表 6-8　污泥中的几种化合物的产气量

物质	产气量/(ft^3/lb)	生物气中甲烷含量/%	物质	产气量/(ft^3/lb)	生物气中甲烷含量/%
脂肪	18～23	62～72	粗纤维	13	68
泡沫	14～16	70～75	蛋白质	12	73

在国内的污水处理中，工业污水的相对密度较大，污泥中成分差别较大，一般污泥的有机物含量都较低，VSS/SS 的比值一般在 0.5 以下。发达国家污泥中有机物含量一般在 70%～80% 之间，有机物中蛋白质和脂肪占 60%～85%，有机物降解率高达 50% 以上。脂肪和蛋白质的成分较少而碳水化合物的含量较高的污泥进行污泥消化稳定，产生的沼气量较少，沼气的供应量不足就不能得到足够的能源来维持污水厂的能量平衡，需要额外输入动力和能量，污泥消化池就只剩下污泥减量和稳定的作用，这对消化池庞大的建造费用是不太经济的。对此，应有足够的认识，并在污泥处理和处置出路设计中予以考虑。

6.6 利用水生蠕虫减量污泥技术

各种污泥减量技术中物理方式所需能量较大,化学方式需要投入的化学物质可能给环境带来二次污染,这两种方式存在经济和环境两方面的问题。生物方式就是在活性污泥工艺中导入曝气池中常见的微型动物(或称水生蠕虫)延长食物链,利用自然生物链原理,通过水生蠕虫利用并削减污泥的技术。通过蠕虫实现污泥减量,也是利用生物学原理实现变废为宝的一种有效途径:一方面,蠕虫能使污泥中干物质含量降低,污泥体积减小,达到污泥减量的目的;另一方面,生成的蠕虫具有良好的利用价值,可以作为鱼的饵料(鱼虫)。利用蠕虫对污泥进行减量,因为能耗低、不产生二次污染,所以作为一种生态工程技术日益受到关注。

6.6.1 利用蠕虫减量污泥的原理

由生态学的原理出发,食物链越长,则能量的损失越大,能够被生物体吸收的能量就更少。通常认为细菌→原生动物→后生动物的食物链是污泥产量降低的理论依据,即通过能量从低级向高级传递时大部分能量损失于生物体的生命活动,在一定条件下使能量损失最大化从而实现污泥减量最优化。活性污泥系统可通过延长食物链或强化食物链中微型动物的捕食作用而减少污泥的产量,此外微型动物直接对污泥摄食和消化,在污泥减容的同时增加污泥的可溶性,同时微型动物增强了细菌的活性或使有活性的细菌的数量增加,从而增强细菌的自身氧化和代谢能力。微型动物和细菌之间除了捕食者和被捕食者的关系外,还有互利的关系,细菌可以形成菌胶团,对微型动物的捕食进行抵御。同时,细菌的分泌物能刺激原生动物的生长,反过来原生动物活动产生的溶解性有机物质可被细菌再利用,促进细菌的生长。

在利用蠕虫减量剩余污泥的研究中,作为研究对象的蠕虫有原生动物中的纤毛虫类和后生动物中的寡毛纲类、腹足纲类。由于纤毛虫的个体较小且主要摄食的是游离细菌,因此对污泥减量的效果不明显。寡毛类蠕虫是环节动物门寡毛纲的通称,是活性污泥中观察到的最大后生动物,处于水生系统捕食食物链高端,具有更大的污泥减量潜力。目前,应用于污泥减量工艺研究的寡毛类蠕虫主要有两类:一类是游离型蠕虫,包括红斑瓢体虫和仙女虫属;另一类是附着型蠕虫,包括颤蚓科和带丝蚓科以及蚯蚓。最新试验发现,游离型寡毛类蠕虫的生长难以控制,因而对污泥减量效果不稳定,很难应用于实际操控中。有可能稳定减量污泥的寡毛类蠕虫主要集中在颤蚓、带丝蚓属和蚯蚓等体型较大的附着型寡毛类环节动物,还有体型较大的卷贝等腹足纲类动物,本节所指蠕虫即为这几种。

6.6.2　废水处理工艺流程及蠕虫反应器

选择了适于减量污泥的蠕虫,并不意味着获得高污泥减量率,保持蠕虫在废水处理系统中的稳定存在和生长非常关键。因此,选择适宜的处理流程以及为寡毛类蠕虫生长提供适宜的栖息地就显得至关重要。

(1)废水处理工艺流程

起初,人们采取向活性污泥系统中直接投加蠕虫,试图强化其生长来实现污泥减量,结果发现实际无法操控,例如像颤蚓这样的附着型蠕虫容易沉于池底,无法在曝气池中均匀分布,另外也可能随排放的污泥流失,从而影响蠕虫减量污泥的稳定性。因而目前采用单独的蠕虫反应器接种蠕虫,而废水处理系统无外乎采用活性污泥工艺,尤以传统活性污泥工艺(CAS)为主,其剩余活性污泥排放到蠕虫反应器中进行减量,经蠕虫摄食后的污泥或者回流到污水处理系统,或者排放。污泥回流对 CAS 系统的废水处理效果几乎没有影响,因此有关污泥减量稳定性的研究很大程度上集中在蠕虫反应器的稳定性研究上。国内外学者围绕蠕虫反应器稳定性的研究主要集中于两个方面：一是开发新型蠕虫反应器，包括反应器内蠕虫附着载体的类型和布置形式；二是优化反应器运行参数以保证蠕虫密度。

（2）新型蠕虫反应器

国内学者开发了反应器内不同区域分别生长游离型和附着型蠕虫的复合式生物污泥减量反应器，来处理污水生物处理系统排放的剩余污泥和回流污泥，其中附着型蠕虫生长区不仅加有可供颤蚓附着的丝状塑料载体填料，还通过污泥循环来避免游离型蠕虫的流失，保证其生长环境的稳定，如图 6-16 所示。研究表明：接种颤蚓进行污泥减量，减量率达到 48% 左右。研究结果未发现蠕虫摄食污泥后对污泥的沉降性能有改善，出水中 PO_4^{3-}-P 有少量增加。然而研究结果并不能明确地归因于颤蚓，因此进一步构建垂直循环一体式氧化沟（IODVC）—蠕虫反应器联合系统，令颤蚓单独生长在蠕虫反应器中，来考察颤蚓减量污泥潜力，如图 6-17 所示。蠕虫反应器中采用矿渣填料来附着颤蚓，结果表明系统对污泥产率几乎没有影响（平均污泥产率为 0.33kgSS/去除 kgCOD），但是颤蚓的存在有利于提高污泥的沉降性能（平均 SVI 为 78mL/g），颤蚓对 IODVC 出水水质几乎没有影响，总氮没有增加但是有磷释放。

为了扩大颤蚓与污泥接触面积、充分利用反应器容积，国内有研究者在蠕虫独立生长反应器中水平、竖直方向分别按间距 6cm 和 8cm 总计安放了 33 个小容器（长 0.28m、宽 0.03m、高 0.03m）放置颤蚓，建立废水处理整合系统并且连续运行 235 天。污泥回流至活性污泥处理系统或者排放两种操作模式下，剩余污泥减量比例和平均污泥产率分别为 46.4% 和 0.0619gSS/kgCOD。污泥回流对出水水质和污泥性质（黏性、污泥粒径等）几乎没有影响。还有的研究者将颤蚓附着的载体设计成孔径分别为 5mm 和 1mm 的多层水平孔板，利于空气流通，同时扩大蠕虫栖息面积，两种不同通气孔径的颤蚓反应器污泥减量的效果分别为 44% 和 33%。可见，颤蚓反应器的结构和曝气方式对污泥减量效果都会有影响。同时发现,经过处理后的污泥的粒径减小,污泥沉降性能得到改善。整个试验中也明显出现了营养元素氮、磷的释放,特别是磷的升高尤为明显,究其原因可能是颤蚓排泄物中磷的含量较高。

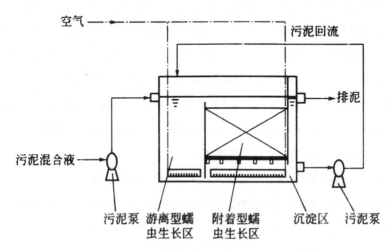

图 6-16　复合式生物污泥减量反应器流程示意图

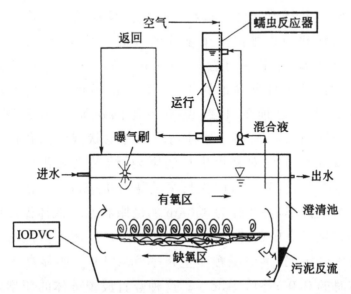

图 6-17　垂直循环一体式氧化沟(IODVC)—蠕虫反应器系统示意图

用蚯蚓减量污泥时所用载体为石英砂和陶粒,国内学者将二者作为蚯蚓附着载体考察蚯蚓生物滤池,污泥减量率分别可达38.20%和48.20%,结果表明用陶粒滤料减量化效果更好,原因是陶粒对蚯蚓个体的不利胁迫程度较小。

荷兰学者 T. L. G. Hendrickx 提出一个重要的设计参数——蠕虫反应器单位面积上蠕虫对污泥的消化率[gTSS/(m² · d)],在保证稳定的蠕虫密度情况下,由这个参数来定反应器的平面尺寸。结果表明在 $300\mu m$ 和 $350\mu m$ 两种载体孔径下稳定的蠕虫密度分别为 $0.87kg/m^3$ 和 $1.1kg/m^3$,相应的污泥单位面积消化率分别为 $45gTSS/(m^2 · d)$ 和 $58gTSS/(m^2 · d)$。比较两种孔径载体可知,孔径 $350\mu m$ 时反应器占地面积减小29%。

为加强蠕虫在载体上固定,荷兰研究人员 Hollen J. H. Elissen 设计的新型蠕虫反应器选用孔径小于蠕虫直径的网眼和海绵状载体(孔径 $300\mu m$),如图6-18所示。反应器上部是倒置的烧杯,烧杯敞口端填有载体,剩余污泥和蠕虫附着于载体上,将倒置的烧杯放入水容器之中(部分淹没),蠕虫可通过载体向杯外伸出尾部进行呼吸并排泄粪便。这种新型蠕虫反应器第一次实现了蠕虫捕食污泥和消化排泄两个步骤的分离。结果表明:单位质量蠕虫的污泥减质速率约为 $0.045mg/(mg · d)$,每天矿化的污泥质量约占蠕虫自身湿重的4.5%。蠕虫摄食污泥后的污泥容积指数几乎是之前的 1/2,说明污泥的沉降性能得到提高。T. L. G. Hendrickx 考察了这种网眼和海绵状载体的孔径分别为 $300\mu m$ 和 $350\mu m$ 时对蠕虫生长的影响,结果表明孔径为 $300\mu m$ 时蠕虫没有生长,$350\mu m$ 时生长率最高为 $0.013d^{-1}$。因此为了提高蠕虫的生长率,将孔径为 $350\mu m$ 的网眼状水平载体做成中空的圆柱形并且竖直放置,圆柱内部附着颤蚓并且通入活性污泥系统排放的剩余污泥,得到颤蚓净生长率 $0.014d^{-1}$,明显高于水平放置载体时的 $0.009\sim0.013d^{-1}$。这种竖直放置载体的新型反应器单位容积内载体填料的表面积大大增加,可以为蠕虫提供更大的栖息空间,增加虫、泥接触面积,有效地利用反应器容积。

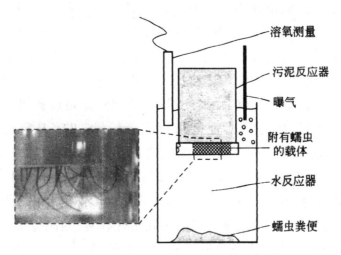

图 6-18　序批式试验反应器结构

(3)提高污泥减量稳定性的运行操作参数优化

T. L. G. Hendrickx 利用序批式试验,如图 6-18 所示。考察了溶解氧(DO)浓度、温度等操作条件对蠕虫减量污泥的影响。结果表明:DO 浓度在 $1\sim2.5mg/L$ 时传氧效率更高,经济上更为有利,15℃时达到最高污泥摄食率,10℃时达到最高污泥消化率。

国内学者通过批沉降试验考察了污泥沉降比和半沉降时间 t_{50} 对颤蚓污泥减容的影响。结果表明:在颤蚓污泥减容效果显著的情况下,活性污泥本身的污泥沉降比(SV,亦称 30min 沉降率)和表征污泥沉降快慢的半沉降时间(t_{50})是影响颤蚓污泥减容作用的重要因素,而非污泥浓度的总悬浮固体(TSS)和污泥体积指数(SVI)。SV 综合反映了活性污泥 TSS 和 SVI 的影响,且与 t_{50} 彼此相关,因此,可将 SV 视为影响颤蚓污泥减容的最主要因素。另外,对起始污泥浓度(ISC)、污泥龄(SRT)等参数进行优化,以获得最高 VSS 减量程度[$480mg/(L\cdot d)$]为目标,得到最优操作控制条件为 ISC $3000\sim4000mg/L$、SRT 2d。

国内有研究者第一次提出运行操作参数会影响蠕虫的固定,指出高强度曝气的频率(FHIA)以及溶解氧(DO)浓度对颤蚓的固定以及污泥减量效果具有复杂影响,图 6-19 所示为新型静态颤蚓反应器(SSBWR)一个操作循环的两个阶段。SSBWR 与以往研究者最大不同之处在于:载体采用穿孔板上安装聚乙烯填料来附着颤蚓,曝气采用连续曝气和间歇曝气联合的方式,颤蚓反应器容积为中试规模(100L)。SSBWR 的优点是可以提供稳定甚至是分散的颤蚓,颤蚓和污泥既可以充分接触,又容易分离。试验结果表明随着 FHIA 的增加颤蚓密度也增加,VSS 平均减少量(ΔA_{VSS})达到最高值 480mg/(L·d);但是随着 FHIA 继续增加,颤蚓密度几乎不变而 VSS 平均减少量下降,这可能是高强度曝气刺激使得颤蚓缩回到载体填料的小孔内,因而颤蚓保持密度几乎不变,但同时高密度蠕虫竞争氧气和生存空间,因而 ΔA_{VSS} 大大下降。而 FHIA 较低时不能及时更新污泥而导致蠕虫代谢产物过多积累在载体上,FHIA 最优为 12 次/d,对蠕虫固定和减量效果最为有利。DO 为 2mg/L 时蠕虫密度达到最大($0.24kg/m^2$),随 DO 浓度再增加蠕虫密度无变化,低 DO 使得颤蚓伸展身体以获得更大空间吸收氧气,这导致蠕虫容易随污泥排放而被带出反应器,因而高浓度 DO 有利于蠕虫固定。DO 为 1mg/L 时 ΔA_{VSS} 达到最高值 470mg/(L·d),因而确定 DO 为 1~1.6mg/L 时对蠕虫固定和减量效果最为有利。

在减量过程中蠕虫摄食污泥会释放出氨氮,因此蠕虫反应器的出水必须回流至污水处理系统进行脱氮,从而造成污水处理系统氨氮增加约 5%(pH 为 7.3~7.8)、水力负荷增加约 5%~15%。氨的增加影响反硝化,因为需要添加额外的碳源。有研究者利用 SSBWR 蠕虫反应器,使穿孔板载体上发生同步硝化、反硝化作用,结果总氮浓度、无机氮浓度以及氨氮(NH_4^+-N)释放量分别减少 67.5%、98.5% 和 63.0%(污泥减量率为 33.6%),颤蚓摄食污泥后释放的溶解性 COD 提供反硝化所需要的碳源,因此还可以同时减少溶解性 COD 约 72.5%。

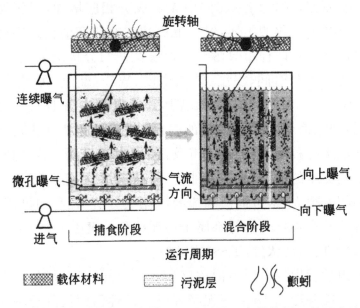

图 6-19 新型静态颤蚓反应器(SSBWR)及一个操作循环的两个阶段

对于蚯蚓(赤子爱胜蚓)生物滤池,在 23℃~28℃时蚯蚓污泥减量化效果最佳。以石英砂和陶粒作为载体的蚯蚓生物滤池对污泥减量率分别为 38.2%~44.7%和 40.5%~48.2%,相应的最佳温度范围分别为 15℃~24℃和 18℃~26℃左右,而陶粒滤料的最佳水力负荷为 4.8~5.5m³/(m²·d)。

6.6.3 活性污泥本身对污泥减量的影响

(1)不同污泥营养价值及未知组分的影响

以活性污泥和淤泥分别作为正颤蚓的生长底物,以活性污泥为底物时正颤蚓的生长速率是以淤泥为底物时的 2 倍,因此以活性污泥为底物,其营养水平比较适合蠕虫的生长。对比蠕虫对不同种类污泥减量效果,可知不同种类污泥其营养价值对蠕虫减量污泥效果有很大影响。然而,目前对蠕虫的新陈代谢情况知之甚少,而这很可能是蠕虫反应器应用于实际的决定性因素。

对剩余污泥组分的研究表明:有机部分的分解是造成污泥减

量的主要原因,这使蠕虫粪便中无机成分相应增加,而污泥中蛋白部分是蠕虫消化的主体,但高蛋白却并非与高消化速率密切相关。对最常见的两种市政污泥进行线性回归分析结果显示:消化速率变化与试验时间、温度、蠕虫密度、W/S(蠕虫/污泥,以干物质计)、pH 及剩余污泥的灰分比例无关。而污泥絮体尺寸也并不是污泥吸收、消化及蠕虫增长的限制性因子,这可以从蠕虫几乎能够利用所有种类剩余污泥(市政污泥和非市政污泥)得到证实。对于不同类型的污泥,其他条件均一致时得到的单位面积污泥消化速率相差很大,这可能由未知的污泥组分所引起,如可消化性、难降解性及有毒化合物等都属于污泥组分关键因子。

(2)不同污泥浓度(TSS)的影响

国内学者发现不同污泥浓度(TSS)的同一种污泥,浓度高的活性污泥接种颤蚓 1h 后污泥减容以及活性污泥沉降速率明显加快,污泥容积相对于未投加颤蚓前可减少 8%～42%。然而,通过对污泥特性的分析表明:颤蚓在短时间内(1～3h)对污泥平均粒径、Zeta 电位并无多少影响,此时污泥容积指数(SVI)却略有增加。说明污泥在含有颤蚓的情况下能够加速下沉,并非由于颤蚓改善了活性污泥自身的沉降特性,而是因为颤蚓在污泥絮体中的不断蠕动,一定程度上破坏了污泥絮体间原有的组织形态,污泥浓度越高这种破坏可能越显著,从而导致 SVI 略有增加,即原污泥沉降特性有所下降。对颤蚓影响污泥沉降性能的研究也表明在污泥浓度较小(TSS<3.3g/L)时,SVI 并没有明显的改变。对活性污泥的主要性质指标进行 Pearson 偏相关分析后发现,影响颤蚓污泥减容作用的重要因素并不是 TSS 和 SVI,而是污泥本身的污泥沉降比(SV,亦称 30min 沉降率)和半沉降时间(t_{50})。

(3)污泥中有毒物质的影响

铜离子对颤蚓的毒性效应研究结果表明随着铜离子浓度的增大,颤蚓的死亡率明显升高,铜对颤蚓毒性有明显的剂量—效应关系,染毒时间越长,铜对颤蚓的暴露浓度越大,生物富集程度越高,毒性越大。颤蚓对铜的耐受能力较强且具有一定的生物富集作用。有研究表明铜、氨和盐对颤蚓的半致死浓度分别为 2.5mg/L、880mg/L 和 5100mg/L。然而重金属对蚯蚓的影响显然不同,赤子爱胜蚓和微小双胸蚓对活性污泥中的铜、锌、铅、铬等重金属有较强的富集能力,同种蚯蚓对污泥中不同重金属的富集量不同,是蚯蚓对重金属富集的选择性造成。必不可少的微量元素如锌和铜能够促进蚯蚓的生理调节,因此,蚯蚓对污泥中锌和铜富集量较大;相反,铅和铬是不必要的元素,不能够为机体利用,蚯蚓对其会产生一定的排斥作用。荷兰学者 T. L. G. Hendrickx 发现分子态的氨(NH_3)对蠕虫有毒害,氨浓度增加导致蠕虫消化污泥速率急剧下降。法国及埃及学者指出一种生物杀虫剂——壳聚糖(chitosan)对颤蚓的生长产生负面影响。

6.7　利用剩余污泥合成可生物降解塑料

在污泥的处理中,大部分的剩余污泥资源化方法都是利用剩余污泥含量丰富的碳以及大量的植物营养元素,然而污泥中丰富的微生物种群却被人们忽视。污泥的实际处理过程不仅有效降解了废水中的有机物质,还培养了一批生物活性较高的混合菌群,它们能够很好地适应环境,这是由于在污泥处理的过程中它们已经得到了驯化。有效利用这批混合菌群产生高附加值对降低生产成本是很重要的。

鉴于活性污泥的这一特性,采用活性污泥中的微生物种群来积累生物可降解塑料——β-羟基丁酸(PHB)受到越来越多的研究者的关注。在富含可积累 PHB 的菌种的剩余污泥中添加一些碳源物质,在一定条件下生产高附加值产物——PHB,不但节省了培养菌种的费用,而且能使发酵生产的成本降低,还能为剩余污泥的处置提供新途径,具有良好的应用前景。

聚羟基链烷酸酯(PHA)是一类羟基链烷酸酯的聚合物。在自然界中有许多细菌可以合成 PHA。PHA 与传统的塑料相比,不仅具有与传统塑料相似的性能，还能够自然降解，因而 PHA 是传统塑料的优良替代品，其中聚羟基丁酸酯（PHB）是 PHA 中发现最早、研究最广泛的一种。利用某些细菌菌株的纯培养发酵可以生物合成 PHA。在近 30 年里，大量的研究工作集中于高效菌株的筛选、发酵工艺的改进，来提高 PHA 的容积产率和胞内含量。但是到目前为止，生物合成 PHA 的成本仍然是传统塑料的 8～10 倍。高昂的生产成本使 PHA 无法与传统塑料竞争，严重限制了它的广泛使用。使用昂贵的高品质底物和纯培养发酵工艺的运行方式是造成生产成本较高的主要原因。

最近，利用污水处理系统中的活性污泥合成 PHA 得到了广泛的关注。活性污泥可以利用低品质的廉价底物（例如有机废物），并且无须灭菌操作，因而生产成本可以大大降低。

在污水处理过程中，活性污泥微生物常常将可快速降解的碳源物质贮存到 PHA 中，而不是首先将它们用于生物量的增长。因此，可以通过适当的工艺调控将活性污泥驯化为 PHA 的生产者。以动态底物投加方式（也称为 feast-famine 机制）操作序批式反应器（SBR）可以选择和富集具有 PHA 贮存能力的活性污泥微生物，被认为是一种有发展前景的活性污泥合成 PHA 的新方法。经此方法培养的污泥，当外源底物存在时，即在 feast 段，将快速地吸收底物并将其贮存在 PHA 中，当外源底物耗尽时，即在 famine 段，贮存的 PHA 将被降解用于微生物的增长和产能。

第7章 污水回用技术

当今世界各国解决缺水问题时,污水回用已被选为可靠且重复利用的第二水源。目前,再生回用的污水主要用于农业灌溉、工业冷却水补充、生活区中水回用、园林绿化、地下水回灌、补充地表水,用作工艺用水和市政杂用水。污水回用可以提高水资源利用率,减少新鲜水的使用,降低污水的排放量,不仅保护了生态系统平衡,还可以保证人类的健康,创造了巨大的经济效益和社会效益。

7.1 污水回用概述

我国淡水资源很缺乏,人均淡水资源仅为世界人均水平的1/4。我国特有的地理位置和地形条件,造成了东、南部地区多雨湿润,西、北部地区少雨干旱和水分布不均,加之排水设施简陋,管理制度不完善,造成水资源的浪费和污染治理的欠账,更加剧了水资源的匮乏。由于水资源短缺,特别是近十几年来城市严重缺水,干旱和旱灾加剧,制约了经济发展,引起中央及地方各级政府部门对水资源短缺问题的重视。全国各地许多城市的政府也相继发布了节约用水管理办法及法规等,推广节约用水新技术、新工艺、新设备等,鼓励实行循环用水、一水多用和污水回收利用。

回用水可广泛利用在以下几个方面。

①园林绿化。如喷灌用水,公园内厕所冲洗,河流、池塘补水和道路冲洗用水。

②城市生活小区用水。如冲洗厕所,绿化浇灌,消防用水等。

③城市道路喷洒除尘用水和洗车用水等。

④工业生产中循环冷却水补充用水等。

⑤工业生产中工艺用水、洗涤用水等。

国内目前污水再生回用除不提倡用作与人体直接接触的娱乐用水和饮用水外,已进入大规模的推广应用阶段。

我国有几十年的研究基础和实践成果,而且近十几年来环境保护事业蓬勃发展,使目前我国的污水处理技术和工艺流程的研究及其成果达到了国际先进水平。虽然我国在一些处理设备、系统优化控制及生产管理水平方面与国际尚有一定差距,但在部分基础理论研究如水环境化学、微生物学、生态及毒理学所取得的成果是超前的。如厌氧处理技术在PTA污水处理工程项目中的成功应用,以及石油化工、炼油污水经处理后回用于循环冷却水补充,水量已达到 $1 \times 10^4 \, \mathrm{m^3/d}$,这在国外也很少见。我国城市污水处理的再生水多用于农业灌溉、园林绿化、市政杂用、河道及冷却水补充等。

污水回用是个系统工程,包括污水收集系统、污水处理系统、污水输配管网系统、污水回用技术管理和监测控制等。污水处理工艺技术流程是污水处理后能否达到回用水标准的关键。污水作为回用水,水质必须满足不同业主要求,其主要指标有细菌总数、大肠杆菌总数、余氧量、悬浮物、生化需氧量、化学需氧量;还要达到感观要求,其主要指标有色度、浊度、味等;同时不得引起管道、设备的腐蚀和结垢等。其他指标还有pH、溶解性物质和蒸发残渣等,污水作为回用水对使用者应无不良反应,对食品质量及环境质量不得产生不良影响等。

7.2 生活污水处理与回用

生活污水是人类在日常生活中使用过的,并被生活废料所污染的水的总称。

生活污水处理技术就是利用各种设施、设备和工艺技术,将污水所含的污染物质从水中分离去除,使有害的物质转化为无害、有用的物质,水质得到净化,并使资源得到充分利用。

生活污水处理一般分为三级:一级处理,是应用物理处理法去除污水中的悬浮物并适度减轻污水腐化程度;二级处理,是污水经一级处理后,应用生物处理法将污水中各种复杂的有机物氧化降解为简单的物质;三级处理,是污水经过二级处理后,应用化学沉淀法、生物化学法、物理化学法等,去除污水中的磷、氮、难降解的有机物、无机盐等。

目前国内常见的生活污水处理工艺主要以活性污泥法为核心,如图 7-1 所示。

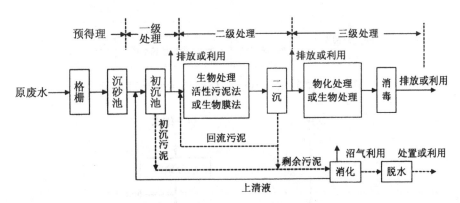

图 7-1　生活污水处理工艺流程

昆明市第八污水处理厂采用的工艺流程如图 7-2 所示。

7.2.1　膜分离技术在城市生活废水中的应用

用膜法处理高层建筑生活废水,回收率高,回收的水用作厕所冲刷和冷却塔补充水,还可以用反渗透回收高层建筑生活废水。图 7-3 所示为大型建筑排水处理的工艺流程。

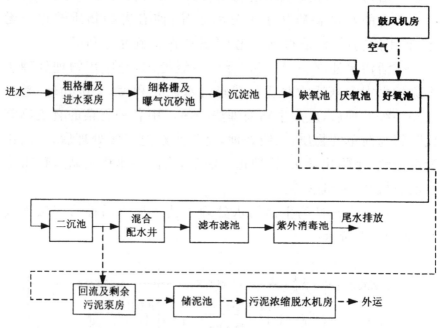

图 7-2 昆明市第八污水处理厂污水处理流程

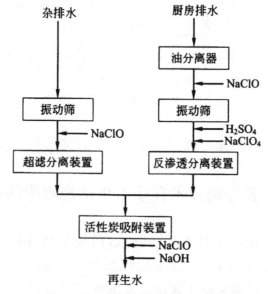

图 7-3 大型建筑排水处理的工艺流程

7.2.2　生活污水处理及回用实例

洛阳石化总厂是一座单系列 5×10^6 t/a 的大型炼化企业,其生活区排放的生活污水,只经过简易的化粪池沉淀,未经任何进一步的处理就直接排放,有时被附近农民引入鱼塘或用作农灌,对环境造成一定的污染。随着以 2×10^5 t/a 聚酯工程为代表的大化纤工程的建设和发展,该生活区人口数量增加,生产和生活用水量也随之增加,作为淡水水源的地下水水位明显下降,淡水资源日趋紧张。

为了节约水资源,保护该地区的生态环境,促进企业的可持续发展,洛阳石化总厂决定利用技改资金建设一座 $(1 \times 10^5$ t/d 的生活污水处理场,并将处理合格的水回用于企业生产:一是回用作循环冷却水的补充水,二是回用作中压锅炉补给水。

洛阳石化总厂生活区排放生活污水为 416t/h(计 9984t/d),污水处理场设计处理能力为 1×10^4 t/d,工程规模按 1.2×10^4 t/d 设计。处理后的水有 100~150t/h 回用作锅炉脱盐水,其余(约 250t/h)全部回用于循环冷却水系统作为补充水。

处理流程如图 7-4 所示。

由生活区来的生活污水至集水池,经螺旋泵提升后,通过全自动机械格栅、曝气沉砂池后流入调节池。再经污水泵加压,通过一级物理化学凝聚法(LPC)和二级 LPC 法处理后,进入无阀滤池,滤后水入清水罐,经清水泵加压后分为两部分:第一部分作为循环冷却水补充水,经生物活性炭吸附后的水通过自动清洗过滤器,进入臭氧投配器进行消毒,然后再进入弱离子交换器脱盐后,流入补充水储罐储存,此时,水中总含盐量小于 250mg/L,达到循环冷却水补充水的水质指标要求,作为循环冷却水补充水使用。第二部分作为中压锅炉补充水,经生物活性炭吸附后加水通过自动清洗过滤器,进入臭氧投配器进行消毒,再进入反渗透装置,出水入除碳罐脱碳,再经钠离子软化器去除残余硬度,制成纯水,流入储水罐,作为锅炉补充水使用。

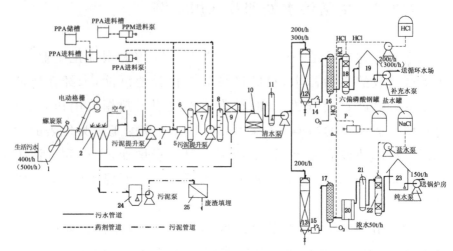

1—集水池;2—曝气沉砂池;3—调节池;4—前反应器;5—后反应器;
6,8—混合器;7,9—沉降分离器;10—无阀滤池;11—清水罐;
12,13—活性炭吸附;14,15—自动清洗过滤器;16,17—臭氧发生器;
18—弱酸离子交换器;19—补充水储罐;20—反渗透装置;21—除碳器;
22—钠离子软化器;23—纯水储罐;24—污泥浓缩池;25—脱水机。

图 7-4　生活污水处理及回用流程

7.3　食品工业污水处理与回用

7.3.1　食品工业废水的处理方法

食品工业废水的处理可采用物理法、化学法、生物法。

用于食品工业废水处理的物理法有筛滤、撇除、调节、沉淀、气浮、离心分离、过滤、微滤等。

食品工业废水处理中所用的化学处理工艺主要是混凝法。常用的混凝剂有石灰、硫酸铝、三氯化铁、聚合氯化铝、聚合硫酸铁及有机高分子混凝剂(如聚丙烯酰胺),化学处理工艺主要除去水中的细微悬浮物和胶体杂质。

食品工业废水是有机废水,生化比高,可采用生物法降解水中的 COD 和 BOD。所采用的生物法主要包括活性污泥工艺、生物膜工艺、厌氧生物处理工艺、稳定塘工艺。

7.3.2 肉类加工废水处理

7.3.2.1 厌氧-SBR 生化法处理工艺

某公司屠宰废水排放量为 $50m^3/d$,混合废水的水质指标为:pH $6.9 \sim 7.1$,COD_{Cr} $60 \sim 2760mg/L$,SS$940 \sim 1300mg/L$,油类 $24 \sim 49mg/L$。该废水可生化性较好,采用生化法为主的处理工艺,处理工艺流程如图 7-5 所示。

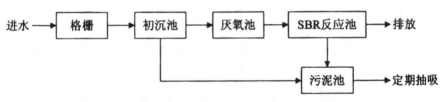

图 7-5　厌氧-SBR 生化法处理工艺流程

7.3.2.2 水解酸化—序批式活性污泥法处理工艺

采用水解酸化—序批式活性污泥法(HA-SBR 法),废水进水 COD_{Cr} 为 $600 \sim 2000mg/L$,氨氮为 $40 \sim 100mg/L$ 时,处理工艺流程如图 7-6 所示。

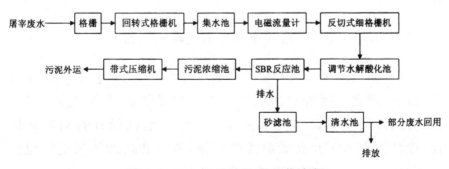

图 7-6　HA-SBR 法处理工艺流程

7.3.2.3 厌氧＋射流曝气法处理屠宰废水工艺

某肉类加工厂每天排放废水 $800m^3$，主要包括生猪栏冲洗水、屠宰车间废水及生活污水，废水中含有猪血、猪粪等大量污染物。该废水 BOD_5/COD_{Cr} 达到 50%，可见屠宰废水是可生化性比较强的有机废水，可用厌氧＋好氧工艺进行处理。采用的处理工艺流程如图 7-7 所示。

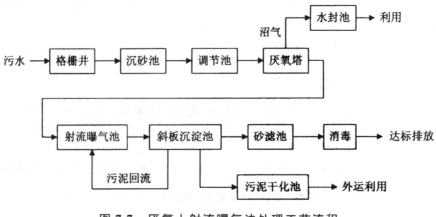

图 7-7 厌氧＋射流曝气法处理工艺流程

另一处理屠宰废水的厌氧＋好氧的工艺方法是采用 UASB-射流曝气串联技术，能在低能耗下净化有机废水，将污染物转化为沼气加以利用，并数倍地降低系统的污染量。其工艺流程如图 7-8 所示。

7.3.2.4 完全混合式半深井射流曝气工艺

某食品集团公司采用完全混合式半深井射流曝气工艺，能够有效地处理北方寒冷地区屠宰废水或食品加工等高浓度有机废水，处理效果明显。其技术关键在于曝气池的设计打破常规做法，设计成为半深井高效射流曝气池，所以其处理效果受气温变化影响小。处理工艺流程如图 7-9 所示。

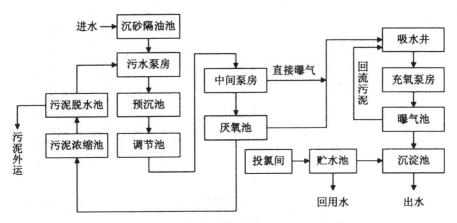

图 7-8　常温 UASB-射流曝气串联工艺流程

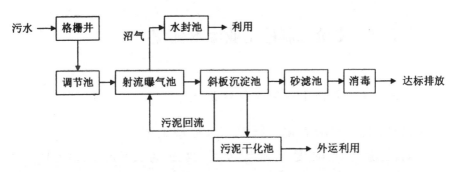

图 7-9　完全混合式半深井高效射流曝气工艺流程

7.3.2.5　好氧法处理屠宰加工厂废水处理工艺

该工艺采用完全混合活性污泥法处理肉类加工废水,技术特点是以完全曝气法为主体,作为整个系统的主要装置。该工艺具有适应肉类加工生产的季节性(淡季、旺季)、废水流量的波动性,非连续生产(每天只生产一班)。设计中将曝气池一分为二,既能适应不同时期水量的污水处理,又能降低污水处理的运行费用。两组一体组成的曝气池,运行时可根据需要按生物吸附再生、普通活性污泥法或阶段曝气方式进行操作,其工艺流程如图 7-10 所示。

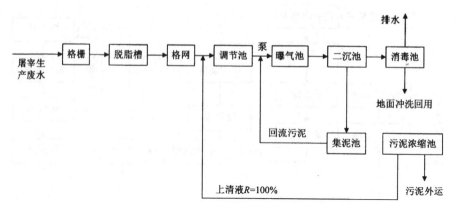

图 7-10　完全混合活性污泥法工艺流程

7.3.3　淀粉及制糖工业废水处理

7.3.3.1　淀粉工业废水处理工艺

(1)厌氧—接触氧化—气浮综合处理工艺

某淀粉厂高浓度有机废水排放量为 $400m^3/d$,COD_{Cr} 为 $5500mg/L$,BOD_5 为 $3400mg/L$,SS 为 $1\sim15g/L$,pH 为 4,水温为 $45℃\sim55℃$;低浓度有机废水排放量为 $100m^3/d$,COD_{Cr} 为 $100mg/L$,BOD_5 为 $450mg/L$,pH 为 $6\sim7$,水温为 $20℃\sim22℃$。

该厂采用厌氧(UASB+AF)—接触氧化—气浮工艺处理,如图 7-11 所示。厌氧段的 COD 去除率为 85%,BOD_5 去除率为 90%;接触氧化工艺中 COD 去除率为 76%,BOD_5 去除率为 77%。

(2)光合细菌氧化—生物接触氧化工艺

某玉米开发有限公司采用光合细菌氧化—生物接触氧化工艺,处理淀粉废水。处理水水质和水量如下:原水水质 COD_{Cr} 为 $11000mg/L$,BOD_5 为 $7700mg/L$,SS 为 $3000mg/L$,pH 为 5。排放标准为 COD_{Cr} $150mg/L$,BOD_5 为 $30mg/L$,SS 为 $150mg/L$,pH 为 $6\sim9$。

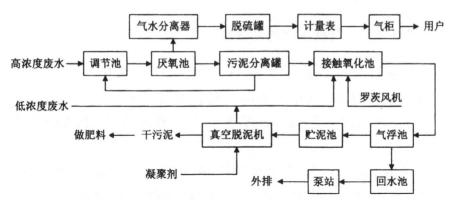

图 7-11　厌氧—接触氧化—气浮综合处理工艺流程

工艺流程如图 7-12 所示。去除率平均达 90%～95%。

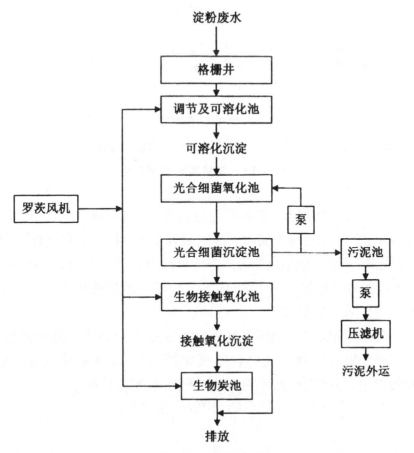

图 7-12　光合细菌氧化—生物接触氧化工艺流程

7.3.3.2　制糖废水的处理

制糖以甘蔗或甜菜为原料,不同的原料和生产工艺产生的废水也有差别,制糖废水的共同点是含有较多的有机物、糖分、悬浮性固体,颜色较深,基本上不含有毒物质,废水的排放量很大。

制糖废水是高浓度的有机废水,COD_{Cr} 可高达 8000mg/L,BOD_5 为 3000~4000mg/L,水质的 pH 接近 7,可以采用厌氧生物处理和好氧生物处理的联合工艺进行治理。其流程如图 7-13 所示。

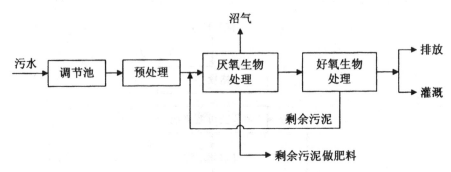

图 7-13　制糖废水处理流程

进行厌氧处理前,废水必须进行预处理,根据原水的水质,进行中和、除油、除去重金属离子或调整温度等。厌氧生物处理可用普通消化池、厌氧接触消化池等。消化负荷为 2~5kg COD_{Cr}/(m^2 · d),COD_{Cr} 和 BOD_5 的去除率为 40%~50%。消化池出水有臭味,还要进行好氧生物处理。

制糖废水的厂外治理,可采用与城市生活污水一起治理的办法。地处农村的糖厂也可利用氧化塘、农田灌溉系统,或土地过滤等方法,还可以单独采用生化处理法治理制糖废水。

7.4　石油化工污水处理与回用

7.4.1　液膜法进行铀的分离回收

美国的 Bend Research 公司采用中空丝支撑液膜组件，以铀矿的硫酸浸出液为原料进行了铀的分离浓缩。由铀矿硫酸浸出液选择分离浓缩铀的支撑液膜流程如图 7-14 所示。

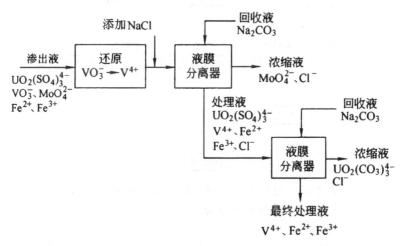

图 7-14　由铀矿硫酸浸出液分离浓缩铀的支撑液膜流程

7.4.2　BYCS 技术在油田高浓度函聚污水处理回注工程中的应用

为提高油田采油率，聚合物驱油三次采油技术得到广泛应用，使得采油污水进一步复杂化。传统含油污水处理工艺已不能满足和适应越来越复杂的含聚污水的处理。BYCS 技术是采用高效气浮＋特种微生物＋石英砂过滤处理工艺。

工艺中污水直接进入新型高效气浮装置,将污水中90%以上的油回收后自流至微生物处理系统,微生物反应池内投加"倍加清"特种微生物联合菌群,充分降解污水中的油及其有机污染物,其出水进入中间水池,然后由增压泵提升至石英砂过滤系统,进一步截留污水中残留的油、固体悬浮物等,确保出水达到"5.5.2"标准,出水进入注水罐,然后外输。工艺流程如图7-15所示。

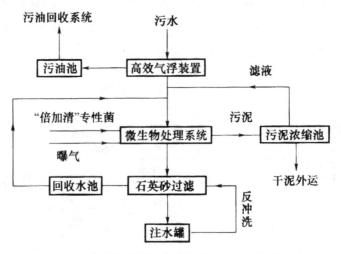

图 7-15 高效气浮＋特种微生物＋石英砂过滤
处理工艺流程

7.4.3 膜技术处理油田含聚采油污水

利用超滤和反渗透双膜法组合工艺对油田采油过程中产生的大量的含聚、含油及高含盐的采油污水进行处理,以除聚及降低矿化度的产品水作为重复采油聚合物配制用水,实现了油田水系统的良性循环。

图 7-16 所示为采油污水被处理为配聚用水的工艺流程,主要包括预处理系统、超滤系统和反渗透系统。

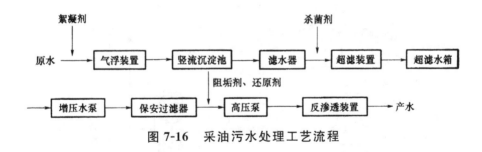

图 7-16　采油污水处理工艺流程

7.4.4　管式膜技术应用于低渗透油田回注水的深度处理

为了弥补原油采出后所造成的地下亏空,保持或提高油层压力,实现油田高产稳产,并获得较高的采收率,必须对油田进行注水。

将管式膜技术应用于低渗透油田回注水的深度处理,废水处理的整个工艺技术流程短、占地面积小,出水水质远远超过低渗透油田回注水要求,实现了水的循环利用。

江苏油田注水站管式膜处理工艺流程如图 7-17 所示。油田采出水经进水循环泵送入膜组件,形成错流循环。膜出水进入产品水池,再高压注水到低渗透油井。为减轻膜污染,当膜污染发展到一定程度后,需对膜组件进行化学清洗。

7.4.5　扩散渗析离子膜技术在废酸资源化利用中的应用

均相离子膜扩散渗析技术在这些酸性废液的处理及资源回收方面具有明显优势。该技术以离子膜两侧液体浓度差为驱动力,选择性透过无机酸而阻碍金属离子透过,从而有效实现酸、盐分离。该过程能耗极低,操作简便,一次性投资少,维修保养方便,是高效、环保、节能的高新技术,可以解决当前酸性废液污染严重、治理成本高等难题,是实现其资源化回收利用的有效技术手段。

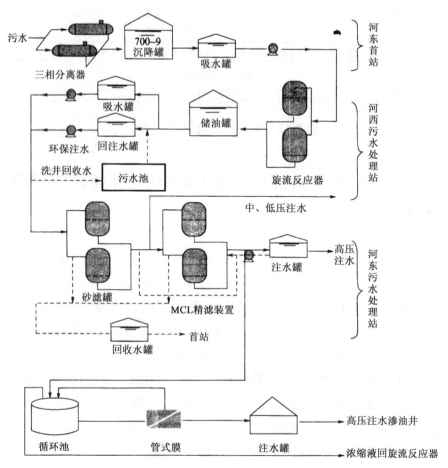

图 7-17　江苏油田注水站管式膜处理工艺流程

扩散渗析法酸回收技术工艺流程如下。

①含酸废水首先经过 $1\mu m$ 熔喷滤芯过滤器将悬浮物去除,将剩余的杂质全部去除,同时控制料液温度在 $5℃\sim40℃$ 之间,使料液符合进入扩散渗析器的质量技术要求。

②将自来水(或纯水)和过滤后废酸液泵入高位槽待用。

③打开废酸、水进料阀门,使料液充满扩散渗析器,关闭阀门静置平衡 2h。

④打开废酸、水进料阀门,调节流量,运行 4h 后,取样检测回收酸、残液中酸和金属离子浓度,并适当调节进料流速直至回收酸、残液中酸和金属离子浓度达到要求。

本系统(见图 7-18)对酸回收率可达到 80% 以上,金属离子去除率达到 90% 以上。

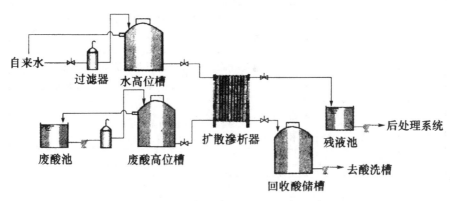

图 7-18　扩散渗析法酸回收系统

7.5　轻工业废水的处理与回用

7.5.1　造纸废水的处理及利用

7.5.1.1　废水治理利用技术

生产过程中产生的较清洁的废水,如筛洗工序的洗涤水、漂白车间洗浆机中流出的滤出液、造纸机中流出的白水,都可以回用。废水回用的主要途径有逆流洗涤、废水利用与封闭用水等。

采用简单的物理法,把污水中的悬浮物或胶体微粒分离出来,从而使污水得到净化,或者使污水中污染物减少至最低限度。用中和法调整 pH,生物化学法使水中溶解的污染物转化成无害的物质,或者转化成容易分离的物质。要求高度净化时,则再采取适合的物理化学方法进行处理。表 7-1 列出了一些可供选择的基本方法,以达到不同的处理目的。

表 7-1 造纸废水的基本处理方法

污染物	处理方法		主要处理设备	效果	备注
悬浮物	物理法	沉淀法	沉淀池、简单沉淀槽、排除污泥设备	收回纤维,减少悬浮物	污泥脱水难
			凝聚沉淀池及排除污泥设备	回收纤维,部分脱色和除 BOD	需用凝聚剂,污泥脱水难
		过滤法	格栅、筛板、压力过滤机或离心机	回收纤维	
		浮选法	充气设备和浮选槽	回收纤维,去泡沫、油等	
pH、溶解物、BOD、COD	生物化学法	中和法	中和池、中和槽	调节 pH	加酸或加碱
		氧化除臭法	曝气槽	除臭并去除部分 BOD	加氯或二氧化氯
		自然氧化法	氧化稳定塘	去除 BOD	
		表面曝气法	表面曝气氧化塘	去除 BOD	
		生物滤池法	生物滤池系统	去除 BOD	
		活性污泥法	活性污泥曝气系统	去除 BOD	污泥脱水难
		生物转盘法	澄清池、污泥池、转盘系统	去除 BOD	
		灌溉法	泵和管道	处理全部悬浮物、BOD	日久会使土壤变质

续表

污染物	处理方法		主要处理设备	效果	备注
pH、溶解物、BOD、COD	物理化学法	吸附法石灰法	沉淀池	脱色并去除悬浮物和少量 BOD	
		活性炭法	沉淀池		
		凝聚沉淀法	过滤池		
		薄膜分离法、反渗透法	反渗透膜装置	净化废水、回收盐基和木质素	
		电渗析法	电渗析槽系统		
		离子交换法	离子交换塔系统	去除有机和无机离子	

对于造纸机端部排出的纤维含量较高的白水,可以直接用来稀释纸浆,使纤维、填料、胶料和水都得到充分的利用。其他纤维浓度较低的废水,送打浆工段使用或者对废水进行固液分离,在回收浆料的同时,废水得到净化,以便回用或排放。可以采用混凝沉淀、气浮、筛孔过滤和离心分离等方法进行白水处理,以实现循环利用。

(1)洗涤—筛浆系统封闭循环用水

如图 7-19 所示,采用水封闭循环可节约用水,减少化学品和纤维的流失,减少排污量。为不给其前后工序(洗涤与漂白)增加负担,在采用封闭用水的同时,必须考虑增强洗浆能力。

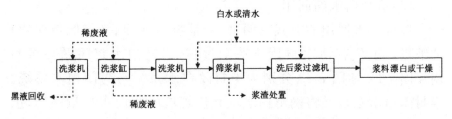

图 7-19　洗涤—筛浆系统封闭循环流程

（2）漂白工段的封闭用水

要获得高白度纸浆,需经多种漂白剂多段漂白。在工艺上常用 C 表示氯化,漂白剂是氯气;E 为碱抽提,药剂是 NaOH;H 为次氯酸盐;D 为二氧化氯漂白;O 为氧气漂白。各漂白过程中,氯化段与第一碱抽提段(即 C 与 E_1)的污染负荷约占全过程的 50%～90%,后续过程排放的水可以回用。图 7-20 和图 7-21 为两种不同的漂白废水封闭循环流程。

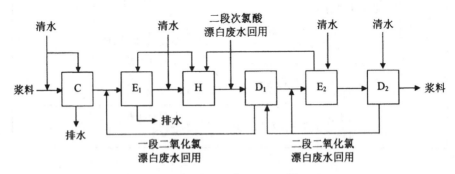

图 7-20　漂白酸碱废水分流循环流程

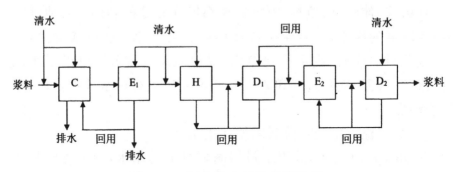

图 7-21　漂白废水逆流循环流程

（3）造纸白水的回用

造纸白水回用的方式有两种:一是将经处理后(降低悬浮物)的纸机白水代替清水再用于造纸过程,二是白水封闭循环再利用。图 7-22 和图 7-23 分别为半封闭白水系统与封闭白水系统。半封闭白水系统是将网下白水坑和伏辊坑的浓白水尽量回用,供碎浆机调节用作稀释水。

　　白水回收装置的主要作用是去除白水中的悬浮物。常用的回收装置有斜筛、沉淀池或澄清池、气浮池、鼓式过滤机、多盘式回收机等。

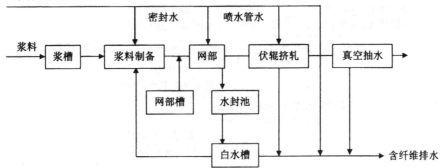

图 7-22　半封闭白水系统流程

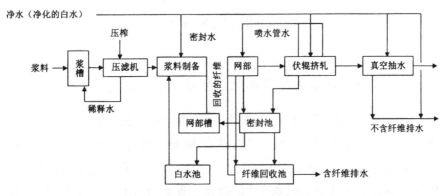

图 7-23　封闭程度较高的白水系统流程

7.5.1.2　膜分离法处理造纸废水

　　膜法处理造纸废水，是指造纸厂排放出来的亚硫酸纸浆废水，它含有很多有用物质，其中主要是木质素磺酸盐，还有糖类（甘露醇、半乳糖、木糖）等。过去多用蒸发法提取糖类，成本较高。若先用膜法处理，可以降低成本，简化工艺。其流程如图 7-24 所示。

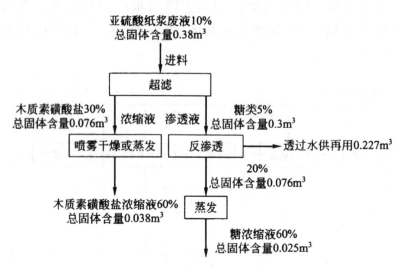

图 7-24　膜法从亚硫酸纸浆废中液浓缩回收木质素和糖类流程

7.5.2　印染废水的处理及利用

7.5.2.1　印染废水常用处理技术

印染废水的常用处理技术可分为物理法、化学法和生物法三类。物理法处理技术主要有格栅、调节、沉淀、气浮、过滤、膜技术等，化学法有中和、混凝、电解、氧化、吸附、消毒等，生物法有厌氧生物法、好氧生物法、兼氧生物法。印染废水常用处理技术见表 7-2。

表 7-2　印染废水常用处理技术

名称	主要构筑物、设备及化学品	处理对象
格栅与筛网	粗格栅、细筛网	悬浮物、漂浮物、织物碎屑、细纤维
中和	中和池、碱性酸性药剂投加系统；各类中和剂（硫酸、盐酸等）	pH

名称	主要构筑物、设备及化学品	处理对象
混凝沉淀（气浮）	各种类型反应池（机械搅拌反应池、隔板反应池、旋流反应池、竖流折板反应池）、加药系统、沉淀池（平流式、竖流式、辐流式）、气浮分离系统（加压溶气气浮、射流气浮、散流气浮）；药剂：$FeSO_4$、$FeCl_3$、$Ca(OH)_2$、$Al_2(SO_4)_3$、PAC、PAM、PFS	色度物质、胶体悬浮物、COD、LAS
过滤	砂滤；膜滤等过滤器（MF、UF、NF 等）	细小悬浮物、大分子有机物、色度物质
氧化脱色	臭氧氧化、二氧化氯氧化、氯氧化、光催化氧化	COD、BOD_5、细菌、色度
消毒	接触消毒池；氯气、NaClO、漂白粉、臭氧	残余色度、细菌
吸附	活性炭、硅藻土、煤渣等吸附器及再生装置	色度、BOD_5、COD
厌氧生物处理	升流式厌氧颗粒污泥床（UASB）、厌氧附着膜膨胀床（AAFEB）、厌氧流化床（AFBR）、水解酸化	BOD_5、COD、色度、NH_3ON、磷
好氧生物处理	推流曝气、氧化沟、间歇式活性污泥法（SBR）、循环式活性污泥法（CAST）、吸附再生氧化法（A/B）、生物接触氧化法	BOD_5、COD、色度、NH_3-N、磷

7.5.2.2　印染废水典型处理工艺流程

（1）水解酸化—生物接触氧化—生物炭印染废水处理工艺

该工艺（见图 7-25）是近年来印染废水处理中采用较多的较成熟的工艺流程。水解酸化的目的是对印染废水中可生化性很差的某些高分子物质和不溶性物质，通过水解酸化降解为小分子物质和可溶性物质，提高可生化性，为后续好氧生化处理创造条件。同时，好氧生化处理产生的剩余污泥经沉淀池全部回流到厌氧生化段，进行厌氧消化，减少了整个系统剩余污泥排放，即达到自身的污泥平衡。厌氧水解酸化池和生物接触氧化池中均安装填料,属生物膜法处理;生物炭池中装活性炭并供氧,兼有悬浮生长和附着生长的特点。脉冲进水的作用是对厌氧水解酸化池进行搅拌。

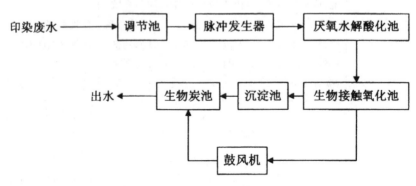

图 7-25　水解酸化—生物接触氧化—生物炭印染废水处理工艺流程

各部分的水力停留时间一般如下:调节池,8～12h;厌氧水解酸化池,8～10h;生物接触氧化池,6～8h;生物炭池,1～2h。脉冲发生器间隔时间为 5～10min。

通过该处理工艺系统对 $COD_{Cr} \leqslant 1000mg/L$ 的印染废水进行处理,处理后的出水可达到国家排放标准,如进一步深度处理则可回用。

(2)缺氧水解—生物好氧—混凝组合工艺处理印染污水

废水水量为 $2600m^3/d$,废水水质如下:BOD_5 为 $200～250mg/L$,COD_{Cr} 为 $750～850mg/L$,pH 为 $9～11$,色度为 850 倍。出水水质要求为:$BOD_5 \leqslant 30mg/L$,COD_{Cr} $100mg/L$,pH 为 $6～9$,色度 $\leqslant 100$ 倍。组合工艺处理印染废水工艺流程如图 7-26 所示。

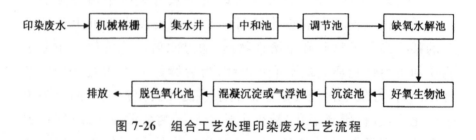

图 7-26　组合工艺处理印染废水工艺流程

　　该组合工艺的特点：一是好氧生物处理构筑物前采用缺氧水解池以提高废水的可生化性；二是沉淀池后设置混凝沉淀池和氧化池作三级处理，可获得较好的出水水质，达到处理要求；三是废水 SS 较低，不设置初沉淀；四是缺氧水解池内设置填料。

　　（3）电化学＋气浮＋水解酸化＋两级接触氧化＋二级生物炭塔＋过滤处理印染废水

　　该工艺以生化、物化、深度处理相结合。工艺流程如图 7-27 所示。该工艺设计水量 5000m³/d。主要水质指标：COD$_{Cr}$ 为 1000～1500mg/L，BOD$_5$ 为 300～500mg/L，S^{2-}≤35mg/L，色度≤1000 倍。要求处理后出水：COD$_{Cr}$ 为 100mg/L，BOD$_5$≤30mg/L，色度≤50 倍，S^{2-}≤0.5mg/L。

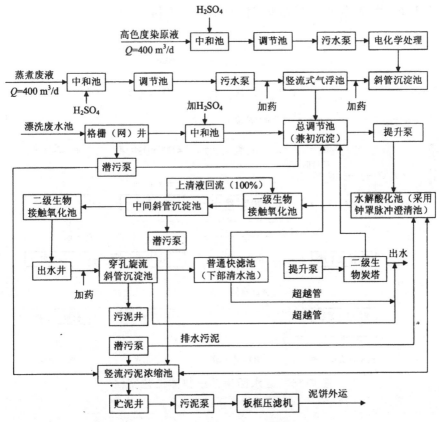

图 7-27　电化学＋气浮＋水解酸化＋两级接触氧化＋二级生物炭塔＋
　　　　　过滤处理印染废水工艺流程

7.5.2.3 膜分离技术在印染废水处理中的应用

(1)印染废水膜法回用技术

以已有的废水处理站为依托,根据废水处理站的出水情况进行后续回用系统的设计,系统整体工艺流程如图 7-28 所示。

采用膜集成工艺,根据进水水质,进行优化设计和充分的预处理,保证产水水质优质稳定,满足回用水质要求。

系统用水合理,最大程度上做到了水的回收利用,尽可能将外排的水量减少,实现经济效益和环境效益的双赢。

系统采用自动控制,可减轻操作人员工作量,同时参数控制更加精确,可及时反馈系统运行状况,保证系统稳定运行,优化清洗周期,提高净产水量的同时节约了药耗和电耗。

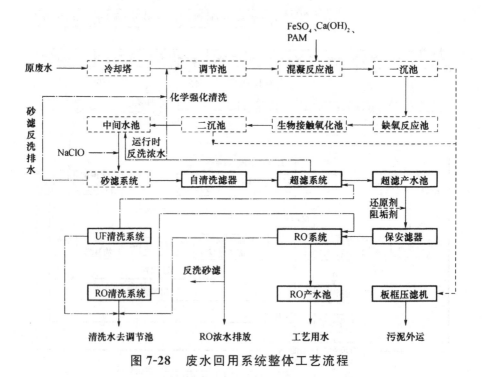

图 7-28 废水回用系统整体工艺流程

(2)膜处理技术在印染废水中的应用

为了达到增产而不增污或少增污的目标,解决企业用水不足的问题,某印染企业将经生化处理后的放流水,通过双膜技术处理后,作为印染车间用水。项目规模为处理量 5000m³/d,产水约 3500m³/d,总回收率控制在 70% 左右,拟采用砂滤＋超滤＋反渗透工艺进行处理。工艺流程如图 7-29 所示。

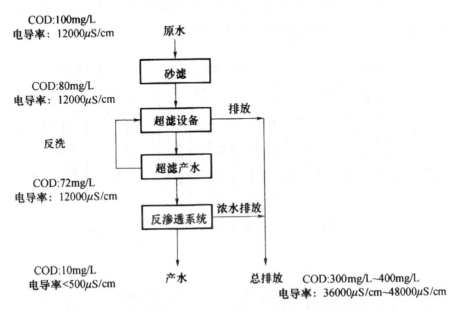

图 7-29　砂滤＋超滤＋反渗透工艺流程

利用膜分离技术对废水进行回用,通常出水水质都能满足使用要求,核心的问题在于膜污染的控制技术。

(3)双膜法在染料脱盐领域的工程与应用

双膜法是一种有效的工程处理手段,超滤可去除废水中的大部分浊度和有机物,减轻后续反渗透膜的污染,反渗透膜可以用 COD 脱除、脱色和脱盐。

工艺流程如图 7-30 所示。该系统主要由预处理、超滤膜系统和反渗透系统三部分组成。

预处理采用锰砂过滤器,去除生化处理工艺中残留的相对密度较大的固体污物、部分胶体,减轻后续的处理负荷,同时能有效除铁。处理流速为 7m/h。多介质通过 PLC,设定反冲洗的频率和压差启动程序,自动采用其产水进行反冲洗。反冲洗水排放入废水收集池。

超滤系统主要的作用是去除水中的胶体、细菌、微生物、悬浮物等对反渗透膜造成污堵的杂质,同时截留水中的细菌,防止后级膜的细菌污染。系统的回收率高,可以达到90%以上。

反渗透系统的主要作用是彻底去除水中多价离子、有机物、硬度离子等,去除绝大部分溶解性离子。

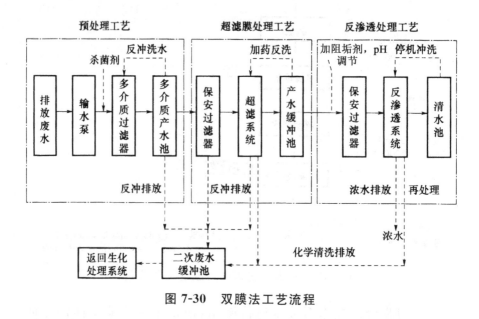

图 7-30　双膜法工艺流程

7.5.3　制革废水处理与利用

7.5.3.1　处理方法

制革废水经过生产工艺改革、资源回收等途径降低了污染物与废水排放量。但废水中依然含有大量的有害无机离子,如 S^{2+}、Cr^{3+}、Cl^- 等,此外,还含有大量的难降解有机物质,如表面活性剂、染料、单宁和蛋白质等,需进一步进行无害化处理。无害化处理的主要技术途径为物理方法、物化方法和生物方法。

（1）物理处理法

物理处理法有格栅、沉淀与气浮，通常是先用粗、细格栅除去废水中 $1\sim3\mathrm{cm}$ 大小的肉屑、细屑及落毛。通过自然沉淀法或气浮法（混凝气浮法）去除制革废水中约 20% 的污染物。

（2）物化处理法

混合废水中还含有大量较小的悬浮污染物和胶态蛋白，投加混凝剂可加速其沉降或浮上，改善处理效果。该方法处理效果较物理处理法好，可去除磷、有机氮、色度、重金属和虫卵等，处理效果稳定，不受温度、毒物等影响，投资适中。但处理成本较高，污泥量增大，出水需进一步处理。处理工艺如图 7-31 所示。

图 7-31　物化方法处理混合废水基本流程

（3）生物方法

常见的生物方法有活性污泥法、生物膜法。该方法对废水中有机物（溶解性、胶体状态）去除效果明显，出水水质优于物化方法。但其工程投资高，处理效果受冲击负荷的影响较大。处理工艺如图 7-32 所示。

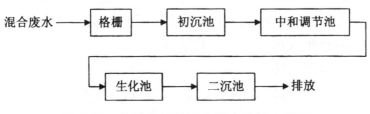

图 7-32　生物法处理混合废水的基本流程

7.5.3.2　脱脂废液的处理

脱脂废液的处理有以下 4 个特点。

①原料皮经过去肉、浸水和脱脂，原有油脂的大部分被转移到废水中，并主要集中在脱脂废液中，致使脱脂废液中的油脂、

COD 和 BOD$_5$ 含量都很高。

②对脱脂废液进行分隔处理,回收油脂,可使油脂回收 90%, COD 去除 90%,总氮去除率达 18%。

③油脂回收可采用酸提取法、离心分离法或溶剂萃取法。

④废液中油脂含量较高时,采用离心分离法较高效,但较难实现,酸提取法较易为制革厂接受。酸提取法的处理工艺流程如图 7-33 所示。含油脂乳液的废水在酸性条件下破乳,使油、水分离、分层,将分离后的油脂层回收,加碱皂化后再经酸化水洗,回收得到混合脂肪酸成品。

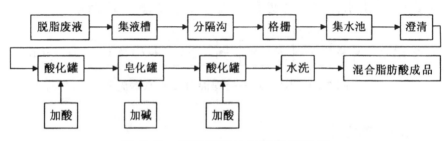

图 7-33　脱脂废液的处理工艺流程

7.5.3.3　灰碱脱毛废液的处理

硫化碱脱毛技术采用的主要化工原料为硫化钠和石灰。这部分废水的 COD、硫化物、悬浮物含量和浊度值都很高,是制革工业中污染最严重的废水。灰碱脱毛废液的处理方法通常有化学沉淀法、酸化吸收法和催化氧化法等。

（1）化学沉淀法

化学沉淀法处理灰碱脱毛废液工艺流程如图 7-34 所示。

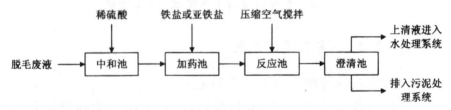

图 7-34　化学沉淀法处理灰碱脱毛废液工艺流程

加入沉淀剂结合 S^{2-} 形成难溶固体物质。通常采用亚铁盐或铁盐作为沉淀剂。用亚铁盐作为沉淀剂时，使 Fe^{2+} 和 S^{2-} 在 pH>7.0 条件下发生反应：$Fe^{2+}+S^{2-}=FeS\downarrow$。脱毛废液是强碱性溶液，通常先调节 pH 为 8～9，再加入沉淀剂，则除硫效果好。沉淀剂的投加量按废水中硫化物的量计算。

（2）酸化吸收法

酸化吸收法处理灰碱脱毛废液工艺流程如图 7-35 所示。

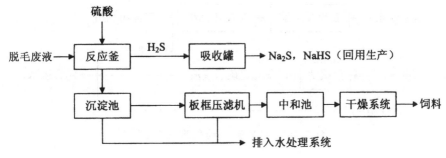

图 7-35　酸化吸收法处理灰碱脱毛废液工艺流程

硫化物在酸性条件下生成 H_2S 气体，再用碱液吸收 H_2S 气体，生成硫化钠回用。化学反应式如下：

$$S^{2-}+2H^+=H_2S\uparrow$$
$$H_2S+2NaOH=Na_2S+2H_2O$$
$$H_2S+NaOH=NaHS+H_2O$$
$$Na_2S+H_2S=2NaHS$$

采用酸化吸收法处理脱毛废液，硫化物去除率可达到 90% 以上，COD 去除率可达 80%。

7.5.3.4　铬鞣废液的处理

铬随废水排放会污染水体，若在碱性条件下以氢氧化物的形式沉淀，则会转化到污泥中形成二次污染。铬鞣工序产生的铬污染占总铬污染的 70%，可采用减压蒸馏法、反渗透法、离子交换法、溶液萃取法、碱沉淀法以及直接循环利用等方法对废铬液进行回收和利用。

7.5.3.5　制革废水处理工艺流程

（1）活性污泥法处理制革废水

①预处理工艺。预处理工艺流程如图 7-36 所示。高浓度含铬废水单独收集，进行加碱沉淀回收；高浓度含硫废水单独收集，进行催化氧化脱硫处理。

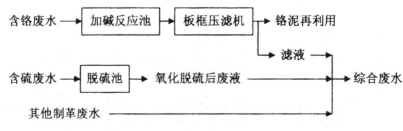

图 7-36　制革废水预处理工艺流程

②综合处理工艺。经过预处理的制革综合废水，进行如下处理，如图 7-37 所示。

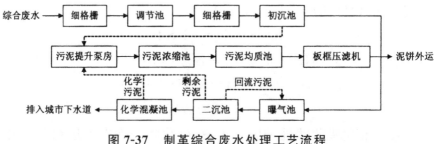

图 7-37　制革综合废水处理工艺流程

（2）物化—生物处理工艺

采用了物化—生化相结合的工艺，该工艺的出水水质较好，但投资和运行费用比单独采用物化法和生物法要高。工艺流程如图 7-38 所示。

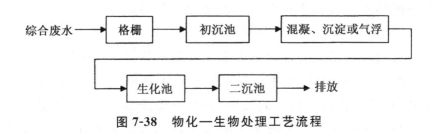

图 7-38　物化—生物处理工艺流程

硫化废水、铬鞣废水、加脂染色废水经预处理后的废水及其他低浓度的废水进行混合匀质,其 BOD_5/COD_{Cr} 为 0.4～0.5,可生化性好。采用接触氧化法处理,选用合适的技术参数,其中有机负荷为 0.38kgBOD$_5$/kg(MLSS·d),容积负荷为 1.75kgBOD$_5$/(m^3·d),最终处理后废水达标后排放。

(3)氧化沟工艺处理制革废水

废水处理工艺流程如图 7-39 所示。

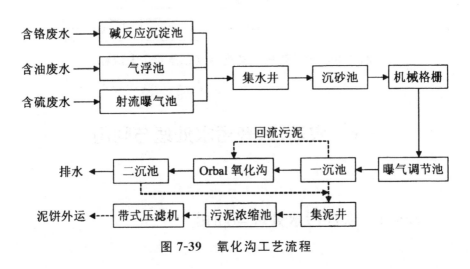

图 7-39　氧化沟工艺流程

各工段废水分别回收处理后,进入集水井,均匀水质水量后进入沉砂池和机械格栅,去除颗粒较大的悬浮固体,如毛、肉渣、革屑等。废水经曝气调节池,均匀水量、水质,并去除部分硫化物及有机物,进入沉淀池进行渣、水分离。上清液进入主处理单元氧化沟进行生物处理,出水再经二沉池沉淀。二沉池经处理的出水达标排放。污泥统一收集后经过处理外运。

(4)射流曝气工艺处理制革废水

射流曝气工艺处理制革废水工艺流程如图 7-40 所示。

此外,臭氧氧化法用于处理植鞣废水和染色废水等的脱色、除臭、除酚过程也有很好的效果,还可以降低 BOD_5、COD,杀灭废水中的致病微生物。处理制革废水所产生的污泥量很大,污泥含水率高,为便于输送,提高肥效和更好地利用能源,污泥可送到沼气池进行厌氧消化处理。

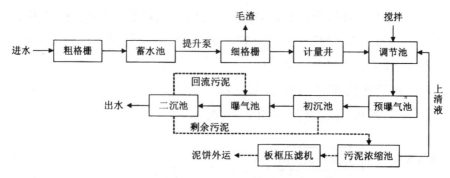

图 7-40 射流曝气工艺处理制革废水工艺流程

7.6 农药、医药污水处理与回用

7.6.1 农药污水处理与回用

7.6.1.1 农药废水的处理方法

(1)采用可生物降解的新型农药

采用药效高、毒性小的新型适用农药,替代毒性强、残留时间长的农药,是当今农药发展的一种趋势。例如,在水体中,有机磷酸盐农药的持久性就比有机氯化合物低。根据环境的不同,有机磷农药的降解,可能是化学降解、微生物学降解,也可能是两者的联合作用。化学降解常涉及配键的水解,可能是酸催化的,如丁烯磷,也可能是被催化的,如马拉硫磷。微生物降解是被水解或被氧化的过程。一般只能部分降解,但对二嗪农来讲,附着在杂环键上的硫代磷酸盐键的化学水解,将产生 2-异丙基-4-甲基-6-羟基吡啶,可被土壤中微生物快速降解。在正磷酸盐中,双硫磷是最能抵抗化学水解的一种,但微生物降解则把它转变成氨基双硫磷,还可继续进行降解。

应用可生物降解的农药替代难降解的农药,如替代 DDT 的新化合物,既不会在动物组织中积累,又不会通过食物链富集到更高的水平。也可用锌进行中级酸还原,加快 DDT 和其他农药的降解。还可用马拉松和残杀威等农药作为 DDT 的替代型的农药。此外,如碘硫磷、稻丰散和混杀威等也都是一些很有希望的新型农药。

(2)化学处理法

由混凝、沉淀、快滤和加氯(或次氯酸钠、二氧化氯)、臭氧氧化所组成的常规水处理流程,能降低 DDT 和 DDE 等的浓度,对硫、磷也有较好的去除效果,但不能有效地去除毒杀芬和高丙体666 等农药。将 H_2O_2 溶液与 $FeSO_4$ 按一定物质的量比例混合,得到氧化性极强的 Fenton 试剂,对去除某些农药也有一定的作用。碱解是将废水的 pH 调到 12~14,使废水中 80% 以上的有机磷破坏,转化成中间产物,但不易转变成正磷酸盐,使回收磷很困难。低酸度下的酸解能将 70% 有机磷转化成无机磷,处理以后的废水还需再进行生物法治理。

(3)催化氧化法

根据氧化剂的不同,催化氧化法可分为湿式氧化法、Fenton试剂氧化法、臭氧氧化法、二氧化氯氧化法和光催化氧化法。

利用湿式氧化技术处理后再进行生化处理,可使农药乐果废水的 COD 去除率由单纯生化处理时的 55% 提高到 95%。由于该法须在高温高压下进行,因此对设备和安全提出了很高的要求,这在一定程度上影响了它在工业上的应用。

对氯硝基苯是一种重要的农药和化工产品中间体。用 Fenton 试剂对其废水进行预处理,可将水的可生化性 BOD_5/COD_{Cr} 由 0 提高到 0.3。但在实际应用中,过氧化氢价格较高,使其应用受到限制。

与 Fenton 氧化法类似,臭氧对难降解有机物质的氧化通常是使其环状分子的部分环或长链条分子部分断裂,从而使大分子物质变成小分子物质,生成易于生化降解的物质,提高废水的可生化性。

二氧化氯是一种新型高效氧化剂,性质极不稳定,遇水能迅速分解,生成多种强氧化剂。这些氧化物组合在一起产生多种氧化能力极强的自由基。二氧化氯能激发有机环上的不活泼氢,通过脱氢反应生成自由基,成为进一步氧化的诱发剂,直至完全分解为无机物。其氧化性能是次氯酸的 9 倍多。氨基硫脲是合成杀菌剂叶枯宁的中间体,可溶于水,在生产废水中的浓度较高,目前主要采用生化法处理,但效果不够理想。采用二氧化氯在常温、酸性条件下氧化氨基硫脲,废水 COD_{Cr} 去除率可达 86% 比其他一般方法简单且费用低廉,是一种经济实用的农药废水预处理方法。

用光敏化半导体为催化剂处理有机农药废水,是近年来有机废水催化净化技术研究较多的一个分支领域。

(4)生物处理法

农药废水处理的目的是降低农药生产废水中污染物的浓度,提高回收率,力求达到无害。

生化法是处理农药废水最重要的方法,可采用活性污泥法(鼓风曝气法)处理对硫磷废水。有机氯、有机磷农药,毒性高,还存在大量难以生物降解的物质。废水中杀虫剂的浓度高时,对微生物有抑制作用,故在生化处理以前,还需用化学法进行预处理,或将高浓度废水稀释后再进行生化处理。

生产过程中排出的高浓度有毒的废水,经 $7\sim10d$ 的静置处理,几乎能全部分解对硫磷和硝基苯酚,去除 95% 以上的 COD。

有机磷农药废水可生物降解,但固体浓度大于 6000mg/L 时,冲击负荷导致治理的困难。设计时应采取两级活性污泥系统。第一级可调节固体浓度,固体浓度低的废水起缓冲、解毒作用,即有解毒功能的单元。

厌氧条件下,氯代烃类农药、高丙体 666 和 DDT 均易于分解。DDT 分解成 DDE 后,进一步的分解便较为缓慢。七氯环氧化物和异狄氏剂,在短时间内可降解生成中间产物。艾氏剂的分解速度与 DDD 相似,七氯环氧化物仅稍有些降解,而狄氏剂则维持不变。对于农药的分解来说,厌氧条件比好氧条件更为有利。

(5)焚烧法

废水的焚烧有一定的热值要求,一般在 10^5 kJ/kg 以上。片呐酮是一种重要的农药中间体,在其生产过程中会产生一种黏稠状焦油副产物,将焦油升温至 $80℃\sim100℃$,喷雾进炉膛,同时,将农药生产各工段的高浓度有机废水喷入进行燃烧,燃烧后经水幕洗气除尘,COD_{Cr} 和其他污染指标都能达标。当废水热值不高或水量较大时,日常燃料消耗费用较大,目前此法在国内尚未推广使用。

(6)萃取法

溶剂萃取又称液—液萃取,是一种从水溶液中提取、分离和富集有用物质的分离技术。利用液膜萃取技术对某农药厂苯肼、苯唑醇和乙基氯化物生产排放的废水进行处理,取得了很好的效果。原水处理后 COD_{Cr} 去除率约 90%,BOD_5/COD_{Cr} 值由 0.02 上升为 0.34,可生化性大大提高。

(7)吸附法

吸附剂的种类很多,有硅藻土、明胶、活性炭、树脂等。由于各种吸附剂吸附能力的差异,常用吸附剂有活性炭和树脂。

活性炭吸附主要用于处理农药 1605、马拉硫磷和乐果混合废水。用活性炭纤维处理十三吗啉农药废水，COD_{Cr} 由 2462mg/L 降至 150mg/L 以下，净化率达 94%。

吸附树脂已在农药和农药中间体邻苯二胺、多菌灵、苄磺隆除草剂、甲基(乙基)-1605 有机磷杀虫剂、2,4-二氯苯氧乙酸、3-苯氧基苯甲醛、嘧啶氧磷杀虫剂生产废水的处理中得到应用。在处理废水的同时，富集回收了废水中的有用物质，创造的经济效益能够抵消或部分抵消废水处理的日常操作费用。

7.6.1.2 农药污水综合处理实例

(1)普通活性污泥法处理有机磷农药废水

采用表面加速曝气活性污泥法处理废水，其工艺过程为：经清污分流的各工序废水自流到蓄水池贮存，然后经集水池，用泵打入高位调节池，调节 pH 至 7～9，并加入生物营养料，再用水稀释至生化处理所需控制的进水 COD 浓度和流量，送入曝气池进行处理。净化后废水经过沉淀池沉淀后排放。沉降的活性污泥部分返回曝气池，剩余污泥排入污泥干化场，经干化发酵后做农肥使用。

废水处理工艺流程如图 7-41 所示。

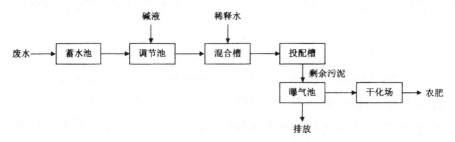

图 7-41　废水处理工艺流程

(2)兼氧串联好氧工艺处理农药废水

某农药化工有限公司主要产品有乐果、乙基氯化物、甲胺磷及中间体三氯化磷和三氯硫磷。现有废水处理装置采用兼氧串联好氧工艺，该装置处理能力为 1500t/d，总投资 500 万元。

　　该污水处理装置采用"兼氧池＋生物滤塔"和"ICEAS（周期循环延时）曝气"的二级生物处理工艺路线,流程如图 7-42 所示。

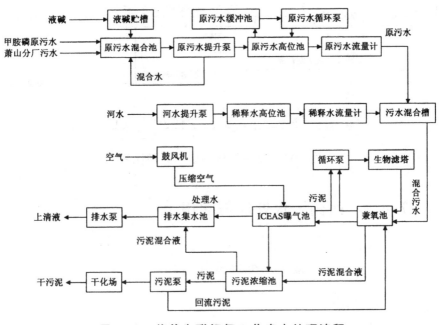

图 7-42　兼养串联好氧工艺废水处理流程

（3）深井曝气法处理有机磷农药废水

　　深井曝气法是一种新型废水处理技术。该法用一个地下深井作曝气池,并利用静气压提高氧向液体中的传质速度。在深井内充满了待处理的废水和活性污泥,并被分隔为下降管与上升管两部分。当废水被连续引入深井时,污水、活性污泥与空气沿下降管下降,再返回沿上升管上升,并绕井循环、停留、被处理,水则靠重力溢流出井,通过气浮沉降池后排放。深井曝气法由于充氧效率高,深井中溶解氧一般可达 30～40mg/L,相当于普通曝气池的 10 倍,因此具有快速、高速、占地省、运转费用低等优点。工艺流程如图 7-43 所示。深井曝气法可用于处理有机磷中间分离废水和有机磷农药合成、脱溶废水。

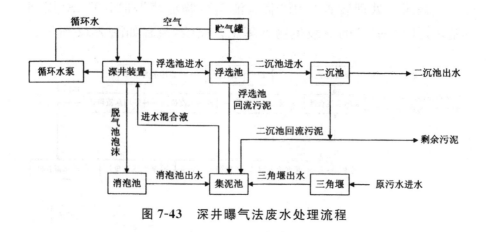

图 7-43　深井曝气法废水处理流程

7.6.2　医药污水处理与回用

7.6.2.1　抗生素废水处理及利用

（1）化学氧化处理

①微电解处理法。如采用柱形反应器，以铸铁屑为填料处理利巴韦林废水，在停留 30min、pH 为 6.0 的条件下，COD_{Cr} 的去除率达到 23%，废水的可生化性由 20% 提高至 30%，可生化性得到了较明显的改善。

②Fenton 试剂处理法。过氧化氢（H_2O_2）溶液加入亚铁离子或二价铜离子后，具有较强的氧化能力，能在较短的时间内将有机物氧化分解，这就是 Fenton 试剂。Fenton 试剂具有极强的氧化能力，其产生的羟基自由基（·OH）的标准电极电位达 2.80V，可无选择地氧化分解许多类有机化合物。在 Fenton 试剂氧化有机物的过程中，铁盐的作用除了在 H_2O_2 催化分解时产生自由基外，还是一种良好的混凝剂。在 Fenton 试剂参与的反应体系中，铁盐的各种络合物通过絮凝作用也可去除 COD_{Cr} 等有机污染物。

在处理西咪替丁制药废水过程中，由于 COD_{Cr} 浓度高、成分复杂、生化性差，采用 Fenton 试剂预处理，在 H_2O_2 浓度 3000mg/L、$FeSO_4$ 浓度 750mg/L，反应时间 3h、pH 3 的反应条件下，COD_{Cr} 去除率达 50％以上。以 TiO_2 为催化剂,并将其制膜固定在不锈钢质反应器内壁上,以 9W 低压汞灯为光源,引入 Fenton 试剂,对某制药厂的制药废水进行了处理实验,取得了脱色率 100％、COD_{Cr} 去除率 92.3％的效果。

③催化臭氧氧化。催化臭氧氧化技术具有氧化能力强、反应速度快、不产生污泥、无二次污染、氧化彻底等优点,尤其能有效去除难降解或结构稳定的有机物。采用 Mn^{2+}-MnO_2 催化臭氧氧化降解土霉素废水中的有机物,废水 COD_{Cr} 去除率由单独臭氧氧化的 35.3％提高到 70.8％。用臭氧氧化法降解废水中的有机磷农药,可将其转化为无害物质,只用臭氧处理一周后有机磷的去除率为 78.03％;在催化剂的作用下,去除率可达 93.85％。

④湿式氧化法。湿式氧化发生的氧化反应属于自由基反应,包括传质过程和化学反应过程,通常分为 3 个阶段,包括链的引发、链的发展和链的终止。若加入过渡金属化合物,可变化合价的金属离子可从饱和化合价中得到或失去电子,导致自由基的生成并加速链发反应,起催化作用。反应过程以氧化反应为主,但在高温和高压的条件下,水解、热解、聚合、脱水等反应也同时发生,在自由基反应中所形成的中间产物以各种途径参与链反应。

在较高温度和较高压力下,用空气中的氧来氧化废水中的溶解和悬浮的有机物以及还原性无机物,具有适用范围广、氧化速度快、装置小、可回收能源等优点,但需要高压设备,基建投资较大。以 Ti-Ce-Bi 和 CuO/Al_2O_3 作为催化剂,催化湿式氧化维生素 C 制药废水,COD_{Cr} 的去除率可以达到 79％左右,同时处理后废水的 BOD_5/COD_{Cr} 从 0.17 提高到 0.6 以上。采用担载型双金属活性组分催化剂,催化湿式氧化处理农药废水,在 4.2MPa、245℃、空速为 $2.0h^{-1}$、气水比为 300 的反应条件下,废水的 COD_{Cr} 去除率可达到 91.3％,经处理后废水的 $BOD_5/COD_{Cr}>0.5$。采用铜系催化剂催化湿式氧化处理三环唑农药生产废水,COD_{Cr} 去除率达 80％。

一般湿式氧化的 COD_{Cr} 去除率不超过 95％,湿式氧化处理的出水不能直接排放,大多数湿式氧化系统与生化处理系统联合使用。

⑤超临界水氧化法。有的研究人员对乙酰螺旋霉素生产废水进行了超临界氧化降解处理,在 440℃、24MPa 的条件下,COD_{Cr} 去除率最高可达 86.7%。

高浓度抗生素生产废水 COD_{Cr} 为 5000~80000mg/L,综合废水平均值为 2500~5000mg/L。一般采用生物处理或其他处理与生物处理结合的方法。图 7-44 所示是高浓度制药废水处理的基本工艺流程。

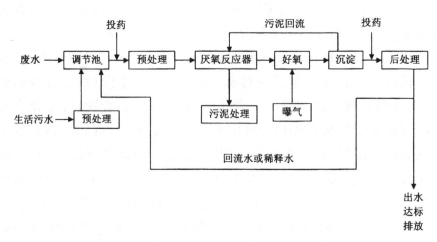

图 7-44　高浓度制药废水处理的基本工艺流程

(2)物化处理技术

①混凝沉淀法。COD_{Cr} 为 1000~4000mg/L 的某制药厂抗生素废水,在 pH 6.0~7.5、搅拌速度 160r/min、搅拌时间 15min、投加混凝剂量 300mg/L、沉降时间 150min,COD_{Cr} 去除率为 80% 以上。混凝沉淀法在林可霉素、青霉素、四环素、利福平和螺旋霉素等抗生素废水处理中均有应用。

②气浮法。庆大霉素废水经化学气浮处理后,COD_{Cr} 去除率可达 50% 以上,固体悬浮物去除率可达 70% 以上。某制药厂对高浓度的生产废水单独进行部分回流加压溶气气浮处理,溶气水

回流比为 30%～35%,溶气压力为 0.3～0.4MPa,以硫酸铁作为凝聚剂,COD_{Cr}的平均去除率可达 54%左右,降低后续处理过程的有机负荷。

③吸附。在制药废水处理中,常用煤灰或活性炭吸附预处理生产中成药、环丙沙星、米菲司酮、林可霉素等产生的废水。如针对排放废水污染浓度大、水量小的特点,采用炉渣—活性炭吸附来处理制药废水,不但有效,而且投资小,工艺简单,操作简便。处理后废水 COD_{Cr} 大幅度降低,效果显著。

(3)生物处理技术

①好氧生物处理法。某制药厂螺旋霉素、乙酰螺旋霉素等抗生素溶媒回收工段废水和板框滤布的冲洗水两股高浓度有机废水,经深井曝气法处理,所得混合液经气浮池及污泥沉淀池后,进水 COD_{Cr} 为 3000mg/L 左右,深井中溶解氧为 3～4mg/L,平均停留时间仅为 3.5h,污泥浓度(MLSS)为 6000～7000mg/L 时,其 COD_{Cr} 去除率可达 60%,有机负荷大大下降。

采用 SBR 的变型 CASS 工艺处理乙酰螺旋霉素厌氧出水,当容积负荷为 1.6kg/(m^3·d)时,对 SS、COD_{Cr}、BOD_5 的去除率分别是 91.6%、88.7%、95.4%。采用 SBR 工艺处理磺胺生产废水,当进水 COD_{Cr} 为 240～1100mg/L,NH_3-N 为 14～55mg/L 时,出水 COD_{Cr} 不大于 100mg/L,NH_3-N 浓度不大于 15mg/L;COD_{Cr} 的去除率大于 90%,NH_3-N 的去除率大于 70%。此外,该工艺还应用于维生素 B_2、青霉素、乙酰螺旋霉素废水的处理。

②厌氧生物处理法。有些有机物在好氧条件下较难被微生物所降解,通过对厌氧反应器的运行条件的控制,使厌氧生化反应仅处于有机物的水解、酸化的阶段,改变难降解有机物的化学结构,使其好氧生物降解性能提高,为后续的好氧生物处理创造良好的条件。经过水解酸化,废水的 COD_{Cr} 降低虽不明显,但废水中大量难降解有机物转化为易降解的小分子有机物,提高了废水的可生化性,有利于后续好氧生物降解,节约能耗,降低了运行费用。水解酸化工艺广泛用于四环素、林可霉素、青霉素、

庆大霉素、乙酰螺旋霉素、土霉素、阿维霉素等废水的处理上。在处理青霉素废水时,体积负荷为 $6\sim8kg/(m^3 \cdot d)$,HRT 为 $8\sim10h$,COD_{Cr} 去除率可达 20%左右。

近些年在制药工业高硫酸盐和高生物毒性废水处理也有研究和应用。在采用 UASB 法处理卡那霉素、氯霉素、维生素 C、磺胺嘧啶和葡萄糖等制药生产废水时,SS 含量不能过高,COD_{Cr} 有机负荷为 $3\sim6kg/(m^3 \cdot d)$,去除率可在 85%甚至 90%以上。上流式厌氧污泥床—过滤器(UASB-AF)是近年来发展起来的一种新型复合式厌氧反应器,它结合了 UASB 和厌氧滤池(AF)的优点,使反应器的性能得到了改善,该复合反应器在启动运行期间,可有效地截留污泥,加速污泥颗粒化,对容积负荷、温度、pH 的波动有较好的承受能力,该复合式厌氧反应器已用来处理维生素 C、双黄连粉针剂等制药废水。

青霉素等制药废水都含有大量的有机物和高浓度的硫酸盐,高硫酸盐有机废水的处理是当前厌氧废水处理的研究方向之一。在以乙酸为基质的情况下,采用厌氧膨胀颗粒污泥床反应器对含硫酸盐废水进行处理,硫酸盐转化率和 COD_{Cr} 去除率分别高达 94%和 96%。

7.6.2.2 集成技术深度处理抗生素制药废水

膜技术在废水处理和回用中发挥着越来越大的作用。基于此,采用混凝—砂滤—微滤—反渗透集成技术对某企业抗生素制药废水进行深度处理,以期处理后的废水能够达到排放和回用标准。现场试验工艺流程如图 7-45 所示。

混凝—砂滤—微滤—反渗透集成技术深度处理废水不但能够解决药厂排放不达标的问题,将产水回收,从而创造良好的经济效益,而且有利于解决水资源紧缺的问题,减轻环境污染,改善生活环境,具有显著的环境效益和不可低估的社会效益。

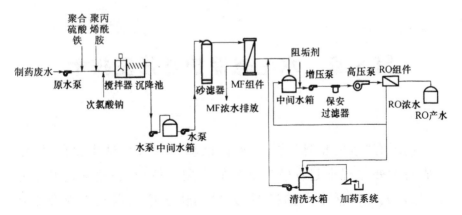

图 7-45　试验工艺流程

第8章　水生态保护与修复技术

地球有"水的星球"之称,水在推动地球及地球生物的演化、形成与发展过程中起着极为重要的作用。然而,在过去的几十年中,随着人类生活水平的提高、人口的快速增长以及工农业生产的迅猛发展,人类对水资源的需求量急剧增加。同时,由于人类对水资源管理和利用缺乏科学的认识,造成了水资源随意开采、污染物的大量排入水中以及森林破坏(尤其是河岸植被带)等,严重影响和破坏了水域生态系统。而且,这种变化和破坏的程度超过历史上任何时期,水域生态系统自身及人工的修复速率也远远小于其受到损害的速率。水资源的损耗与短缺是水域环境严重破坏后的必然结果。

因此,如何延缓甚至阻止水域生态系统受损进程、维持其现有淡水生态系统的服务功能、修复受损水域生态系统和促进淡水资源持续健康发展已经成为当今国际社会关注的焦点之一。

8.1　水生态保护与修复规划编制

8.1.1　规划的主要内容及技术路线

水生态保护与修复规划的主要任务是以维护流域生态系统良性循环为基本出发点,合理划分水生态分区,综合分析不同区域的水生态系统类型、敏感生态保护对象、主要生态功能类型及其空间分布特征,识别主要水生态问题,针对性提出生态保护与修复的总体布局和对策措施。

　　规划技术路线示意图如图 8-1 所示。

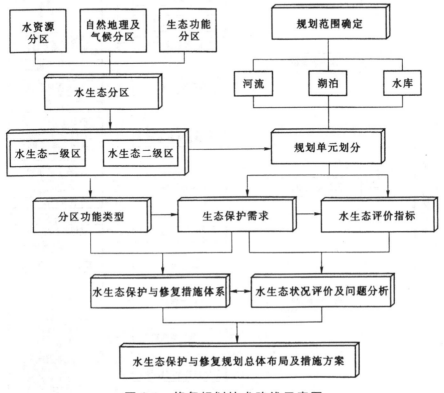

图 8-1　修复规划技术路线示意图

8.1.2　水生态保护与修复措施体系

　　在水生态状况评价基础上,根据生态保护对象和目标的生态学特征,对应水生态功能类型和保护需求分析,建立水生态修复与保护措施体系(见图 8-2),主要包括生态需水保障、水环境保护、河湖生境维护、水生生物保护、生态监控与管理五大类措施,针对各大类措施又细分为 14 个分类,直至具体的工程、非工程措施。

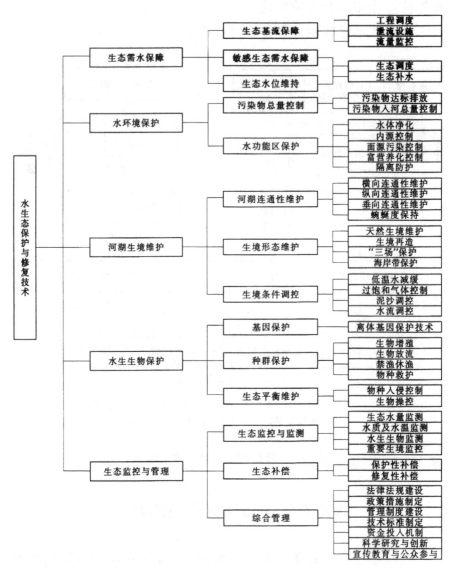

图 8-2 水生态保护与修复措施技术体系

8.1.2.1 生态需水保障

生态需水保障是河湖生态保护与修复的核心内容,指在特定生态保护与修复目标之下,保障河湖水体范围内由地表径流或地下径流支撑的生态系统需水,包含对水质、水量及过程的需求。

首先,应通过工程调度与监控管理等措施保障生态基流,其次,针对各类生态敏感区的敏感生态需水过程及生态水位要求,提出具体生态调度与生态补水措施。

8.1.2.2　水环境保护

水环境保护主要是按照水功能区保护要求,分阶段合理控制污染物排放量,实现污水排浓度和污染物入河总量控制双达标。对于湖库,还要提出面源、内源及富营养化等控制措施。

8.1.2.3　河湖生境维护

河湖生境维护主要是维护河湖连通性与生境形态,以及对生境条件的调控。河湖连通性,主要考虑河湖纵向、横向、垂向连通性以及河道蜿蜒形态。生境形态维护主要包括天然生境维护、生境再造、"三场"保护以及海岸带保护与修复等。生境条件调控主要指控制低温水下泄、控制过饱和气体以及水沙调控。

8.1.2.4　水生生物保护

水生生物保护包括对水生生物基因、种群以及生态系统的平衡及演进的保护等。水生生物保护与修复要以保护水生生物多样性和水域生态的完整性为目标,对水生生物资源和水域生态的完整性进行整体性保护。

8.1.2.5　生态监控与管理

生态监控与管理主要包括相关的监测、生态补偿与各类综合管理措施,是实施水生态事前保护、落实规划实施、检验各类措施效果的重要手段。要注重非工程措施在水生态保护与修复工作的作用,在法律法规、管理制度、技术标准、政策措施、资金投入、科技创新、宣传教育及公众参与等方面加强建设和管理,建立长效机制。

8.1.3　生态修复与重建常用的方法

生态修复与重建既要对退化生态系统的非生物因子进行修复重建，又要对生物因子进行修复重建，因此，修复与重建途径和手段既包括采用物理、化学工程与技术，又包括采用生物、生态工程与技术。

8.1.3.1　物理法

物理方法可以快速有效地消除胁迫压力、改善某些生态因子，为关键生物种群的恢复重建提供有利条件。例如，对于退化水体生态系统的修复，可以通过调整水流改变水动力学条件，通过曝气改善水体溶解氧及其他物质的含量等，为鱼类等重要生物种群的恢复创造条件。

8.1.3.2　化学法

通过添加一些化学物质，改善土壤、水体等基质的性质，使其适合生物的生长，进而达到生态系统修复重建的目的。例如，向污染的水体、土壤中添加络合/螯合剂，络合/螯合有毒有害的物质，尤其对于难降解的重金属类的污染物，一般可采用络合剂，络合污染物形成稳态物质，使污染物难以对生物产生毒害作用。

8.1.3.3　生物法

人类活动引起的环境变化会对生物产生影响甚至破坏作用，同时，生物在生长发育过程中通过物质循环等对环境也有重要作用，生物群落的形成、演替过程又在更高层面上改变并形成特定的群落环境。因此，可以利用生物的生命代谢活动减少环境中的有毒、有害物的浓度或使其无害化，从而使环境部分或完全恢复到正常状态。微生物在分解污染物中的作用已经被广泛认识和应用，已经有各种各样的微生物制剂、复合菌制剂等广泛用于被污染的退化水体和土壤的生态修复。植物在生态修复重建中的作用也已经引起重视,植物不仅可以吸收利用污染物,还可以改变生境,为其他生物的恢复创造条件。动物在生态修复重建中的作用也不可忽视,它们在生态系统构建、食物链结构的完善和维护生态平衡方面均有十分重要的作用。

8.1.3.4　综合法

生态破坏对生态系统的影响往往是多方面的,既有对生物因子的破坏,又有对非生物因子的破坏,因此,生态修复需要采取物理法、化学法和生物法等多种方法的综合措施。例如,对退化土壤实施生态修复,应在诊断土壤退化主要原因的基础上,对土壤物理特性、土壤化学组成及生物组成进行分析,确定退化原因及特点,根据退化状况,采取物理化学及生物学等综合方法。对于严重退化的土壤,如盐碱化严重或污染严重的土壤,可以采取耕翻土层、深层填埋、添加调节物质(如用石灰、固化剂、氧化剂等)和淋洗等物理化学方法。在土壤污染胁迫的主要因子得以控制和改善后,再采取微生物、植物等生物学方法进一步改善土壤环境质量,修复退化的土壤生态系统。

8.2　生物多样性保护技术

8.2.1　生物多样性丧失的原因

物种灭绝给人类造成的损失是不可弥补的。物种灭绝与自然因素有关,更与人类的行为有关。

物种的产生、进化和消亡本是个缓慢的协调过程,但随着人类对自然干扰的加剧,在过去30年间,物种的减少和灭绝已成为主要的生态环境问题。根据化石记录估计,哺乳动物和鸟类的背景灭绝速率为每500～1000年灭绝一个种。而目前物种的灭绝速率高于其"背景"速率 100～1000 倍。如此异乎寻常的不同层次的生物多样性丧失,主要是人类活动所导致,包括生境的破坏及片段化、资源的过度开发、生物入侵、环境污染和气候变化等,其中生物栖息地的破坏和生境片段化(habitat fragmentation)对生物多样性的丧失"贡献"最大。

8.2.1.1 栖息地的破坏和生境片段化

由于工农业的发展,围湖造田、森林破坏、城市扩大、水利工程建设、环境污染等的影响,生物的栖息地急剧减少,导致许多生物的濒危和灭绝。森林是世界上生物多样性最丰富的生物栖聚场所。仅拉丁美洲的亚马孙河的热带雨林就聚集了地球生物总量的 1/5。公元前 700 年,地球约有 2/3 的表面为森林所覆盖,而目前世界森林覆盖率不到 1/3,热带雨林的减少尤为严重。Wilson(1989)估计,若按保守数字每年 1% 的热带雨林消失率计,每年有 0.2%～0.3% 的物种灭绝,生物栖息地面积缩小,能够供养的生物种数自然减少。但与之相比,由于生境破坏而导致的生境片段化形成的生境岛屿对生物多样性减少的影响更大,这种影响间接导致生物的灭绝。比如森林的不合理砍伐,导致森林的不连续性斑块状分布,即所谓的生境岛屿,一方面使残留的森林的边缘效应扩大,原有的生境条件变得恶劣;另一方面改变了生物之间的生态关系,如生物被捕食、被寄生的概率增大。这两方面都间接地加速了物种的灭绝。近年来,野味店的兴起和奢侈品的消费热加剧了人们对野生动植物的乱捕滥杀、乱采滥挖。甚至连一些受国家保护的野生动物,也成了食客口中的佳肴。另外,由于人们采集过度,不少名贵的药用植物如人参、杜仲、石斛、黄芪和天麻等已经濒临绝迹。

近年来,大西洋两岸几千只海豹由于 DDT、多氯联苯等杀虫剂中毒致死。人类向大气排放的大量污染物质,如氮氧化物、硫氧化物、碳氧化物、碳氢化合物等,还有各种粉尘、悬浮颗粒,使许多动植物的生存环境受到影响。大剂量的大气污染会使动物很快中毒死亡。水污染加剧水体的富营养化,使得鱼类的生存受到威胁。土壤污染也是影响生物多样性的重要因素之一。

8.2.1.2　资源的不合理利用

农、林、牧、渔及其他领域的不合理的开发活动直接或间接地导致了生物多样性的减少。自 20 世纪 50 年代,"绿色革命"中出现产量或品质方面独具优势的品种,被迅速推广传播,很快排挤了本地品种,印度尼西亚 1500 个当地水稻品种在 15 年内消失。这种遗传多样性丧失造成农业生产系统抵抗力下降,而且随着作物种类的减少,当地固氮菌、捕食者、传粉者、种子传播者以及其他一些传统农业系统中通过几世纪共同进化的物种消失了。在林区,快速和全面地转向单优势种群的经济作物,正演绎着同样的故事。在经济利益的驱动下,水域中的过度捕捞,牧区的超载放牧,对生物物种的过度捕猎和采集等掠夺式利用方式,使生物物种难以正常繁衍。

8.2.1.3　生物入侵

人类有意或无意地引入一些外来物种,破坏景观的自然性和完整性,物种之间缺乏相互制约,导致一些物种的灭绝,影响遗传多样性,使农业、林业、渔业或其他方面的经济遭受损失。在全世界濒危植物名录中,有 35%～46% 物种的濒危是部分或完全由外来物种入侵引起的。如澳大利亚袋狼灭绝的原因除了人为捕杀外,还有家犬的引入,家犬引入后产生野犬,种间竞争导致袋狼数量下降。

8.2.1.4　环境污染

环境污染对生物多样性的影响除了使生物的栖息环境恶化,还直接威胁着生物的正常生长发育。农药、重金属等在食物链中的逐级浓缩、传递严重危害着食物链上端的生物。据统计,目前由于污染,全球已有 2/3 的鸟类生殖力下降,每年至少有 10 万只水鸟死于石油污染。

8.2.2 保护生物多样性

保护生物多样性必须在遗传、物种和生态系统三个层次上都保护。保护的内容主要包括：一是对那些面临灭绝的珍稀濒危物种和生态系统的绝对保护，二是对数量较大的可以开发的资源进行可持续的合理利用。

保护生物多样性，主要可以从以下几个方面入手。

8.2.2.1 就地保护

就地保护主要是就地设立自然保护区、国家公园、自然历史纪念地等，将有价值的自然生态系统和野生生物环境保护起来，以维持和恢复物种群体所必需的生存、繁衍与进化的环境，限制或禁止捕猎和采集，控制人类的其他干扰活动。

8.2.2.2 迁地保护

迁地保护就是通过人为努力，把野生生物物种的部分种群迁移到适当的地方加以人工管理和繁殖，使其种群能不断有所扩大。迁地保护适合受到高度威胁的动植物物种的紧急拯救，如利用植物园、动物园、迁地保护基地和繁育中心等对珍稀濒危动植物进行保护。我国植物园保存的各类高等植物有 2.3 万多种。在我国已建的动物园中共饲养脊椎动物 600 多种。由于我国在珍稀动物的保存和繁育技术方面不断取得进展，许多珍稀濒危动物可以在动物园进行繁殖，如大熊猫、东北虎、华南虎、雪豹、黑颈鹤、丹顶鹤、金丝猴、扬子鳄、扭角羚、黑叶猴等。

8.2.2.3 离体保存

在就地保护及迁地保护都无法实施保护的情况下，生物多样性的离体保护应运而生。通过建立种子库、精子库、基因库，对生物多样性中的物种和遗传物质进行离体保护。

8.2.2.4　放归野外

我国对养殖繁育成功的濒危野生动物,逐步放归自然进行野化,例如,麋鹿、东北虎、野马的放归野化工作已开始,并取得一定成效。

保护生物多样性是我们每一个公民的责任和义务。善待众生首先要树立良好的行为规范,不参与乱捕滥杀、乱砍滥伐的活动,拒吃野味,还要广泛宣传保护物种的重要性,坚决同破坏物种资源的现象做斗争。

此外,健全法律法规、防治污染、加强环境保护宣传教育和加大科学研究力度等也是保护生物多样性的重要途径。

在保护生物多样性的工作中,采用科学研究途径,探索现存野生生物资源的分布、栖息地、种群数量、繁殖状况、濒危原因,研究和分析开发利用现状、已采取的保护措施、存在的问题等,一般采取以下研究途径。

①分析生物多样性现状。

②对特殊生物资源进行研究。

③研究生物多样性保护与开发利用关系。

④实行生物种资源的就地保护。

⑤实行生物种资源的迁地保护。

⑥建立种质资源基因库。

⑦研究环境污染对生物多样性的影响。

⑧建立自然保护区,加强生物多样性保护的策略研究,采用先进的科学技术手段,例如遥感、地理信息系统、全球定位系统等。

8.3　湖泊生态系统的修复

8.3.1　湖泊生态系统修复的生态调控措施

治理湖泊的方法有:物理方法,如机械过滤、疏浚底泥和引水稀释等;化学方法如杀藻剂杀藻等;生物方法如放养鱼等;物化法如木炭吸附藻毒素等。各类方法的主要目的是降低湖泊内的营养负荷,控制过量藻类的生长,均取得了一定的成效。

8.3.1.1　物理、化学措施

在控制湖泊营养负荷实践中,研究者已经发明了许多方法来降低内部磷负荷,例如通过水体的有效循环,不断干扰温跃层,该不稳定性可加快水体与 DO(溶解氧)、溶解物等的混合,有利于水质的修复。削减浅水湖的沉积物,采用铝盐及铁盐离子对分层湖泊沉积物进行化学处理,向深水湖底层充入氧或氮。

8.3.1.2　水流调控措施

湖泊具有水"平衡"现象,它影响着湖泊的营养供给、水体滞留时间及由此产生的湖泊生产力和水质。若水体滞留时间很短,如在 10d 以内,藻类生物量不可能积累。水体滞留时间适当时,既能大量提供植物生长所需营养物,又有足够时间供藻类吸收营养促进其生长和积累。如有足够的营养物和 100d 以上到几年的水体滞留时间,可为藻类生物量的积累提供足够的条件。因此,营养物输入与水体滞留时间对藻类生产的共同影响,成为预测湖泊状况变化的基础。

为控制浮游植物的增加,使水体内浮游植物的损失超过其生长,除对水体滞留时间进行控制或换水外,增加水体冲刷以及其他不稳定因素也能实现这一目的。由于在夏季浮游植物生长不超过 3～5d,因此这种方法在夏季不宜采用。但是,在冬季浮游植物生长慢的时候,冲刷等流速控制方法可能是一种更实用的修复措施,尤其对于冬季藻氰菌的浓度相对较高的湖泊十分有效。冬季冲刷之后,藻类数量大量减少,次年早春湖泊中大型植物就可成为优势种属。这一措施已经在荷兰一些湖泊生态系统修复中得到广泛应用,且取得了较好的效果。

8.3.1.3　水位调控措施

水位调控已经被作为一类广泛应用的湖泊生态系统修复措

施。这种方法能够促进鱼类活动,改善水鸟的生境,改善水质,但由于娱乐、自然保护或农业等因素,有时对湖泊进行水位调节或换水不太现实。

由于自然和人为因素引起的水位变化,会涉及多种因素,如湖水浑浊度、水位变化程度、波浪的影响(与风速、沉积物类型和湖的大小有关)和植物类型等,这些因素的综合作用往往难以预测。一些理论研究和经验数据表明水深和沉水植物的生长存在一定关系。即,如果水过深,植物生长会受到光线限制;如果水过浅,频繁的再悬浮和较差的底层条件,会使得沉积物稳定性下降。

通过影响鱼类的聚集,水位调控也会对湖水产生间接的影响。在一些水库中,有人发现改变水位可以减少食草鱼类的聚集,进而改善水质。而且,短期的水位下降可以促进鱼类活动,减少食草鱼类和底栖鱼类数量,增加食肉性鱼类的生物量和种群大小。这可能是因为低水位生境使受精鱼卵干涸而无法孵化,或者增加了被捕食的危险。

此外,水位调控还可以控制损害性植物的生长,为营养丰富的浑浊湖泊向清水状态转变创造有利条件。浮游动物对浮游植物的取食量由于水位下降而增加,改善了水体透明度,为沉水植物生长提供了良好的条件。这种现象常常发生在富含营养底泥的重建性湖泊中。该类湖泊营养物浓度虽然很高,但由于含有大量的大型沉水植物,在修复后一年之内很清澈,然而几年过后,便会重新回到浑浊状态,同时伴随着食草性鱼类的迁徙进入。

8.3.1.4　大型水生植物的保护和移植

因为水生植物处于初级生产者的地位,二者相互竞争营养、光照和生长空间等生态资源,所以水生植物的生长及修复对于富营养化水体的生态修复具有极其重要的地位和作用。

围栏结构可以保护大型植物免遭水鸟的取食,这种方法也可以作为鱼类管理的一种替代或补充方法。围栏能提供一个不被取食的环境,大型植物可在其中自由生长和繁衍。另外,植物或种子的移植也是一种可选的方法。

8.3.1.5　生物操纵与鱼类管理

生物操纵(biomanipulation)即通过去除浮游生物捕食者或添加食鱼动物降低以浮游生物为食鱼类的数量,使浮游动物的体型增大,生物量增加,从而提高浮游动物对浮游植物的摄食效率,降低浮游植物的数量。生物操纵可以通过许多不同的方式来克服生物的限制,进而加强对浮游植物的控制,利用底栖食草性鱼类减少沉积物再悬浮和内部营养负荷。生物管理 Czech 实验中用削减鱼类密度来改善水质,增加水体的透明度。Drenner 和Hambright 认为生物管理的成功例子大多是在水域面积 25hm²($1hm^2 = 10^4 m^2$)以下及深度 3m 以下的湖泊中实现的。不过,有些在更深的、分层的和面积超过 1km² 的湖泊中也取得了成功。

引人注目的是,在富营养化湖中,鱼类数目减少通常会引发一连串的短期效应。浮游植物生物量的减少改善了透明度。小型浮游动物遭鱼类频繁的捕食,使叶绿素/TP 的比率常常很高,鱼类管理导致营养水平降低。

在浅的分层富营养化湖泊中进行的实验中,总磷浓度下降30%～50%,水底微型藻类的生长通过改善沉积物表面的光照条件,刺激了无机氮和磷的混合。由于捕食率高(特别是在深水湖中),水底藻类、浮游植物不会沉积太多,低的捕食压力下更多的水底动物最终会导致沉积物表面更高的氧化还原作用,这就减少了磷的释放,进一步加快了硝化—脱氮作用。此外,底层无脊椎动物和藻类可以稳定沉积物,因此减少了沉积物再悬浮的概率。更低的鱼类密度减轻了鱼类对营养物浓度的影响。而且,营养物随着鱼类的运动而移动,随着鱼类而移动的磷含量超过了一些湖泊的平均含量,相当于 20%～30% 的平均外部磷负荷,这相比于富营养湖泊中的内部负荷还是很低的。

最近的发现表明:如果浅的温带湖泊中磷的浓度减少到0.05～0.1mg/L,并且水深超过 6～8m 时,鱼类管理将会产生重要的影响,其关键是使生物结构发生改变。然而,如果氮负荷比较低,总磷的消耗会由于鱼类管理而发生变化。

8.3.1.6　适当控制大型沉水植物的生长

虽然大型沉水植物的重建是许多湖泊生态系统修复工程的目标,但密集植物床在营养化湖泊中出现时也有危害性,如降低垂钓等娱乐价值,妨碍船的航行等。此外,生态系统的组成会由于入侵物种的过度生长而发生改变,如欧亚狐尾藻在美国和非洲的许多湖泊中已对本地植物构成严重威胁。对付这些危害性植物的方法包括特定食草昆虫如象鼻虫和食草鲤科鱼类的引入、每年收割、沉积物覆盖、下调水位或用农药进行处理等。

通常,收割和水位下降只能起短期的作用,因为这些植物群落的生长很快而且外部负荷高。引入食草鲤科鱼类的作用很明显,因此目前世界上此方法应用最广泛,但该类鱼过度取食又可能使湖泊由清澈转为浑浊状态。另外,鲤鱼不好捕捉,这种方法也应该谨慎采用。实际应用过程中很难达到大型沉水植物的理想密度以促进群落的多样性。

大型植物蔓延的湖泊中,经常通过挖泥机或收割的方式来实现其数量的削减。这可以提高湖泊的娱乐价值,提高生物多样性,并对肉食性鱼类有好处。

8.3.1.7　蚌类与湖泊的修复

蚌类是湖泊中有效的滤食者。有时大型蚌类能够在短期内将整个湖泊的水过滤一次。但在浑浊的湖泊很难见到它们的身影,这可能是由于它们在幼体阶段即被捕食。这些物种的再引入对于湖泊生态系统修复来说切实有效,但目前为止没有得到重视。

19 世纪时,斑马蚌进入欧洲,当其数量足够大时会对水的透明度产生重要影响,已有实验表明其重要作用。基质条件的改善可以提高蚌类的生长速度。蚌类在改善水质的同时也增加了水鸟的食物来源,但也不排除产生问题的可能。如在北美,蚌类由于缺乏天敌而迅速繁殖,已经达到很大的密度,大量的繁殖导致了五大湖近岸带叶绿素 a 与 TP 的比率大幅度下降,加之恶臭水输入水库,从而让整个湖泊生态系统产生难以控制的影响。

8.3.2　陆地湖泊生态修复的方法

湖泊生态修复的方法,总体而言可以分为外源性营养物种的控制措施和内源性营养物质的控制措施两大部分。

8.3.2.1　外源性方法

(1)截断外来污染物的排入

由于湖泊污染、富营养化基本上来自外来物质的输入。因此要采取如下几个方面进行截污。首先,对湖泊进行生态修复的重要环节是实现流域内废、污水的集中处理,使之达标排放,从根本上截断湖泊污染物的输入。其次,对湖区来水区域进行生态保护,尤其是植被覆盖低的地区,要加强植树种草,扩大植被覆盖率,目的是对湖泊产水区的污染物削减净化,从而减少来水污染负荷。因为,相对于较容易实现截断控制的点源污染,面源污染量大,分布广,尤其主要分布在农村地区或山区,控制难度较大。再次,应加强监管,严格控制湖滨带度假村、餐饮的数量与规模,并监管其废、污水的排放。对游客产生的垃圾,要及时处理,尤其要采取措施防治隐蔽处的垃圾产生。规范渔业养殖及捕捞,退耕还湖,保护周边生态环境。

(2)恢复和重建湖滨带湿地生态系统

湖滨带湿地是水陆生态系统间的一个过渡和缓冲地带,具有保持生物多样性、调节相邻生态系统稳定、净化水体、减少污染等功能。建立湖滨带湿地,恢复和重建湖滨水生植物,利用其截留、沉淀、吸附和吸收作用,净化水质,控制污染物。同时,能够营造人水和谐的亲水空间,也为两栖水生动物修复其生长空间及环境。

8.3.2.2　内源性方法

（1）物理法

①引水稀释。通过引用清洁外源水，对湖水进行稀释和冲刷。这一措施可以有效降低湖内污染物的浓度，提高水体的自净能力。这种方法只适用于可用水资源丰富的地区。

②底泥疏浚。多年的自然沉积，湖泊的底部积聚了大量的淤泥。这些淤泥富含营养物质及其他污染物质，如重金属能为水生生物生长提供营养物质来源，而底泥污染物释放会加速湖泊的富营养化进程，甚至引起水华的发生。因此，疏浚底泥是一种减少湖泊内营养物质来源的方法。但施工中必须注意防止底泥的泛起，对移出的底泥也要进行合理地处理，避免二次污染的发生。

③底泥覆盖。底泥覆盖的目的与底泥疏浚相同，在于减少底泥中的营养盐对湖泊的影响，但这一方法不是将底泥完全挖出，而是在底泥层的表面铺设一层渗透性小的物质，如生物膜或卵石，可以有效减少水流扰动引起底泥翻滚的现象，抑制底泥营养盐的释放，提高湖水清澈度，促进沉水植物的生长。但需要注意的是铺设透水性太差的材料，会严重影响湖泊固有的生态环境。

④其他一些物理方法。除了以上三种较成熟、简便的措施外，还有其他一些新技术投入应用，如水力调度技术、气体抽提技术和空气吹脱技术。水力调度技术是根据生物体的生态水力特性，人为营造出特定的水流环境和水生生物所需的环境，来抑制藻类大量繁殖。气体抽取技术是利用真空泵和井，将受污染区的有机物蒸气或转变为气相的污染物，从湖中抽取，收集处理。空气吹脱技术是将压缩空气注入受污染区域，将污染物从附着物上去除。结合提取技术可以得到较好效果。

（2）化学方法

化学方法就是针对湖泊中的污染特征，投放相应的化学药剂，应用化学反应除去污染物质而净化水质的方法。常用的化学方法有：对于磷元素超标，可以通过投放硫酸铝$[Al_2(SO_4)_3 \cdot 18H_2O]$，去除磷元素;针对湖水酸化,通过投放石灰来进行处理;对于重金属元素,常常投放石灰和硫化钠等;投放氧化剂来将有机物转化为无毒或者毒性较小的化合物,常用的有二氧化氯、次氯酸钠或者次氯酸钙、过氧化氢、高锰酸钾和臭氧。但需要注意的是化学方法处理虽然操作简单,但费用较高,而且往往容易造成二次污染。

(3)生物方法

生物方法也称生物强化法,主要是依靠湖水中的生物,增强湖水的自净能力,从而达到恢复整个生态系统的方法。

①深水曝气技术。当湖泊出现富营养化现象时,往往是水体溶解氧大幅降低,底层甚至出现厌氧状态。深水曝气便是通过机械方法将深层水抽取上来,进行曝气,之后回灌,或者注入纯氧和空气,使得水中的溶解氧增加,改善厌氧环境为好氧环境,使藻类数量减少,水华程度明显减轻。

②水生植物修复。水生植物是湖泊中主要的初级生产者之一,往往是决定湖泊生态系统稳定的关键因素。水生植物生长过程中能将水体中的富营养化物质如氮、磷元素吸收、固定,既满足生长需要,又能净化水体。但修复湖泊水生植物是一项复杂的系统工程,需要考虑整个湖泊现有水质、水温等因素,确定适宜的植物种类,采用适当的技术方法,逐步进行恢复。具体的技术方法有:第一,人工湿地技术。通过人工设计建造湿地系统,适时适量收割植物,将营养物质移出湖泊系统,从而达到修复整个生态系统的目的。第二,生态浮床技术。采用无土栽培技术,以高分子材料为载体和基质(如发泡聚苯乙烯),综合集成的水面无土种植植物技术,既可种植经济作物,又能利用废弃塑料,同时不受光照等条件限制,应用效果明显。这一技术与人工湿地的最大优势就在于不占用土地。第三,前置库技术。前置库是位于受保护的湖泊水体上游支流的天然或人工库(塘)。前置库不仅可以拦截暴雨径流,还具有吸收、拦截部分污染物质、富营养物质的功能。在前置库中种植合适的水生植物能有效地达到这一目标。这一技

术与人工湿地类似，但位置更靠前，处于湖泊水体主体之外。对水生植物修复方法而言，能较为有效地恢复水质，而且投入较低，实施方便，但由于水生植物有一定的生命周期，应该及时予以收割处理，减少因自然凋零腐烂而引起的二次污染。同时选择植物种类时也要充分考虑湖泊自身生态系统中的品种，避免因引入物质不当而引起的入侵。

③水生动物修复。主要利用湖泊生态系统中食物链关系，通过调节水体中生物群落结构的方法来控制水质。主要是调整鱼群结构，针对不同的湖泊水质问题类型，在湖泊中投放、发展某种鱼类，抑制或消除另外一些鱼类，使整个食物网适合于鱼类自身对藻类的捕食和消耗，从而改善湖泊环境。比如通过投放肉食性鱼类来控制浮游生物食性鱼类或底栖生物食性鱼类，从而控制浮游植物的大量生长；投放植食（滤食）性鱼类，影响浮游植物，控制藻类过度生长。水生动物修复方法成本低廉，无二次污染，同时可以收获水产品，在较小的湖泊生态系统中应用效果较好。但对大型湖泊，由于其食物链、食物网关系复杂，需要考虑的因素较多，应用难度相应增加同时也需要考虑生物入侵问题。

④生物膜技术。这一技术指根据天然河床上附着生物膜的过滤和净化作用，应用表面积较大的天然材料或人工介质为载体，利用其表面形成的黏液状生态膜，对污染水体进行净化。由于载体上富集了大量的微生物，能有效拦截、吸附、降解污染物质。

8.3.3　城市湖泊的生态修复方法

北方湖泊要进行生态修复，首先要进行城市湖泊生态面积的计算及最适生态需水量的计算，其次，进行最适面积的城市湖泊建设，每年保证最适生态需水量的供给，采用与南方城市湖泊同样的生态修复方法。南、北城市湖泊相同的生态修复方法如下。

8.3.3.1　清淤疏浚与曝气相结合

造成现代城市湖泊富营养化的主要原因是氮、磷等元素的过量排放,其中氮元素在水体中可以被重吸收进行再循环,而磷元素却只能沉积于湖泊的底泥中。因此,单纯的截污和净化水质是不够的,要进行清淤疏浚。对湖泊底泥污染的处理,首先应是曝气或引入耗氧微生物相结合的方法进行处理,然后再进行清淤疏浚。

8.3.3.2　种植水生生物

在疏浚区的岸边种植挺水植物和浮叶植物,在游船活动的区域种植不同种类的沉水植物。根据水位的变化及水深情况,选择乡土植物形成湿生—水生植物群落带。所选野生植物包括黄菖蒲、水葱、萱草、荷花、睡莲、野菱等。植物生长能促进悬浮物的沉降,增加水体的透明度,吸收水和底泥中的营养物质,改善水质,增加生物多样性,并有良好的景观效果。

8.3.3.3　放养滤食性的鱼类和底栖生物

放养鲢鱼、鳙鱼等滤食性鱼类和水蚯蚓、羽苔虫、田螺、圆蚌、湖蚌等底栖动物,依靠这些动物的过滤作用,减轻悬浮物的污染,增加水体的透明度。

8.3.3.4　彻底切断外源污染

外源污染指来自湖泊以外区域的污染,包括城市各种工业污染、生活污染、家禽养殖场及家畜养殖场的污染。要做到彻底切断外源污染,一要关闭以前所有通往湖泊的排污口;二要运转原有污水污染物处理厂;三要增建新的处理厂、进行合理布局,保证所有处理厂的处理量等于甚至略大于城市的污染产生量,保证每个处理厂正常运转,并达标排放。污水污染物处理厂,包括工业污染处理厂、生活污染处理厂及生活污水处理厂。工业污染物要在工业污染处理厂进行处理。生活固态污染物要在生活污染处理厂进行处理。生活污水、家禽养殖场及家畜养殖场的污、废水引入生活污水处理厂进行处理。

8.3.3.5　进行水道改造工程

有些城市湖泊为死水湖,容易滞水而形成污染,要进行湖泊的水道连通工程,让死水湖变为活水湖,保持水分的流动性,消除污水的滞留以达到稀释、扩散从而得以净化。

8.3.3.6　实施城市雨污分流工程及雨水调蓄工程

城市雨污分流工程主要是将城市降水与生活污水分开。雨水调蓄工程是在城市建地下初降雨水调蓄池,贮藏初降雨水。初降雨水,既带来了大气中的污染物,又带来了地表面的污染物,是非点源污染的携带者,不经处理,长期积累,将造成湖泊的泥沙沉积及污染。建初降雨水调蓄池,在降雨初期暂存高污染的初降雨水,然后在降雨后引入污水处理厂进行处理,这样可以防止初降雨水带来的非点源污染对湖泊的影响。实施城市雨污分流工程,把城市雨水与生活污水分离开,将后期基本无污染的降水直接排入天然水体,从而减轻污水处理厂的负担。

8.3.3.7　加强城市绿化带的建设

城市绿化带美化城市景观的作用不仅表现在吸收二氧化碳,制造氧气,防风防沙,保持水土,减缓城市“热岛”效应,调节气候,还有其他很重要的生态修复作用如滞尘、截尘、吸尘作用和吸污、降污作用。加强城市绿化带的建设,包括河滨绿化带、道路绿化带、湖泊外缘绿化带等的建设。在城市绿化带的建设中,建议种植乡土种植物,种类越多样越好,这样不容易出现生物入侵现象,互补性强,自组织性强,自我调节力高,稳定性高,容易达到生态平衡。

8.3.3.8 打捞悬浮物

设置打捞船只,及时进行树叶、纸张等杂物的清理,保持水面干净。

8.4 河流生态系统的修复

8.4.1 自然净化修复

自然净化是河流的一个重要特征,指河流受到污染后能在一定程度上通过自然净化使河流恢复到受污染以前的状态。污染物进入河流后,在水流中有机物经微生物氧化降解,逐渐被分解,最后变为无机物,并进一步被分解、还原,离开水相,使水质得到恢复,这是水体的自净作用。水体自净作用包括物理、化学及生物学过程,通过改善河流水动力条件、提高水体中有益菌的数量等,有效提高水体的自净作用。

8.4.2 植被修复

恢复重建河流岸边带湿地植物及河道内的多种生态类型的水生高等植物,可以有效提高河岸抗冲刷强度、河床稳定性,也可以截留陆源的泥沙及污染物,还可以为其他水生生物提供栖息、觅食、繁育场所,改善河流的景观功能。

在水工、水利安全许可的前提下,尽可能地改造人工砌护岸、恢复自然护坡,恢复重建河流岸边带湿地植物,因地制宜地引种、栽培多种类型的水生高等植物。在不影响河流通航、泄洪排涝的前提下,在河道内也可引种沉水植物等,以改善水环境质量。

8.4.3 生态补水

河流生态系统中的动物、植物及微生物组成都是长期适应特定水流、水位等特征而形成的特定的群落结构。为了保持河流生态系统的稳定,应根据河流生态系统主要种群的需要,调节河流水位、水量等,以满足水生高等植物的生长、繁殖。例如:在洪涝年份,应根据水生高等植物的耐受性,及时采取措施,降低水位,避免水位过高对水生高等植物的压力;在干旱年份,水位太低,河床干枯,为了保证水生高等植物正常生长繁殖,必须适当提高水位,满足水生高等植物的需要。

8.4.4 生物—生态修复技术

生物—生态修复技术是通过微生物的接种或培养,实现水中污染物的迁移、转化和降解,从而改善水环境质量;同时,引种各种植物、动物等,调整水生生态系统结构,强化生态系统的功能,进一步消除污染,维持优良的水环境质量和生态系统的平衡。

从本质上说,生物—生态修复技术是对自然恢复能力和自净能力的一种强化。生物—生态修复技术必须因地制宜,根据水体污染特性、水体物理结构及生态结构特点等,将生物技术、生态技术合理组合。

常用的技术包括生物膜技术、固定化微生物技术、高效复合菌技术、植物床技术和人工湿地技术等。

生物—生态技术的组合对河流的生态修复,从消除污染着手,不断改善生境,为生态修复重建奠定基础,而生态系统的构建,又为稳定和维持环境质量提供保障。

8.4.5 生物群落重建技术

生物群落重建技术是利用生态学原理和水生生物的基础生

物学特性,通过引种、保护和生物操纵等技术措施,系统地重建水生生物多样性。

8.5 湿地的生态修复

8.5.1 湿地生态修复的方法

8.5.1.1 湿地补水增湿措施

所有的湿地都存在短暂的丰水期,但各个湿地在用水机制方面存在很大的自然差异。在多数情况下,湿地及周围环境的排水、地下水过度开采等人类活动对湿地水环境具有很大的影响。一般认为许多湿地在实际情况下要比理想状态易缺水干枯,因此对湿地采取补水增湿的措施很有必要,但根据实践结果发现,这种推测未必成立。原因在于目前湿地水位的历史资料仍然不完备,而且部分干枯湿地是由自然界干旱引起的。有资料表明适当的湿地排水不但不会破坏湿地环境,反而会增加湿地物种的丰富度。

但一般对曾失水过度的湿地来讲,湿地生态修复的前提条件是修复其高水位。但想完全修复原有湿地环境,单单对湿地进行补水是不够的,因为在湿地退化过程中,湿地生态系统的土壤结构和营养水平均已发生变化,如酸化作用和氮的矿化作用是排水的必然后果。而增湿补水伴随着氮、磷的释放,特别是在补水初期,因此,湿地补水必须要解决营养物质的积累问题。此外,钾缺乏也是排水后的泥炭地土壤的特征之一,这将是限制或影响湿地成功修复的重要因素。

可见,进行补水对于湿地生态修复来说仅仅是一个前奏,还需要进行很多的后续工作。而且,由于缺乏湿地水位的历史资料,人们往往很难准确估计补充水量的多少。一般而言,补水的多少应通过目标物种或群落的需水方式来确定,水位的极大值、极小值、平均最大值、平均最小值、平均值以及水位变化的频率与周期都可以影响湿地生态系统的结构与功能。

湿地补水首先要明确湿地水量减少的原因。修复湿地的水量也可通过挖掘降低湿地表面以补偿降低的水位、通过利用替代水源等方式进行。在多数情况下,技术上不会对补水增湿产生限制,而困难主要集中在资源需求、土地竞争或政治因素等方面。在此讨论的湿地补水措施包括减少湿地排水、直接输水和重建湿地系统的供水机制。

(1)减少湿地排水

目前减少湿地排水的方法主要有两种:一种是在湿地内挖掘土壤形成潟湖以蓄积水源;另一种方法是在湿地生态系统的边缘构建木材或金属围堰以阻止水源流失,这种方法是一种最简单和普遍应用的湿地保水措施,但是当近地表土壤的物理性质被改变后,单凭堵塞沟壑并不能有效地给湿地进行补水,必须辅以其他的方法。

填堵排水沟壑的目的是减少湿地的横向排水,但在某些情况下,沟壑对湿地的垂直向水流也有一定作用。堵塞排水沟时可以通过构设围堰减少排水沟中的水流,在整个沟壑中铺设低渗透性材料可减少垂直向的排水。

在由高水位形成的湿地中,构建围堰是很有效的。除了减少排水,围堰的水位还应比湿地原始状态更高。但高水位也潜藏着隐患:营养物质在沟壑水中的含量高时,会渗透到相连的湿地中,对湿地中的植物直接造成负面影响。对于由地下水上升而形成的湿地,构建围堰需认真地评价。因为横向水流是此类湿地形成的主要原因,围堰可能造成淤塞,非自然性的低潜能氧化还原作用可能会增加植物毒素的产生。

湿地供水减少而产生的干旱缺水这一问题可通过围堰进行缓解。但对于其他原因引起的缺水,构建围堰并不一定适宜,因为它改变了自然的水供给机制,有时需要工作人员在次优的补水方式和不采取补水方式之间进行抉择。

减少横向水流主要通过在大范围内蓄水。堤岸是一类长的围堰，通常在湿地表面内部或者围绕着湿地边界修建，以形成一个浅的潟湖。对于一些因泥炭采掘、排水和下陷所形成的泥炭沼泽地，可以用堤岸封住其边缘。泥炭废弃地边缘的水位下降程度主要取决于泥炭的水传导性质和水位梯度。有时上述两个变量之一或全部值都很小，会形成一个很窄的水位下降带，这种情况下通常不需补水。在水位比期望值低很多的情况下，堤岸是一种有效的补水工具，它不但允许小量洪水流入，而且还能减少水向外泄漏。

修建堤岸的材料很多，包括以黏土为核的泥炭、低渗透性的泥炭黏土以及最近发明的低渗透膜。其设计一般取决于材料本身的用途和不同泥炭层的水力性质。沼泽破裂（Bog Bursts）的可能性和堤岸长期稳定性也需要重视。对于那些边缘高度差较大（>1.5m）的地方，相比于单一的堤岸，采用阶梯式的堤岸更合理。阶梯式的堤岸可通过在周围土地上建立一个阶梯式的潟湖或在地块边缘挖掘出一系列台阶实现。前者不需要堤岸与要修复的废弃地毗连，因为它的功能是保持周围环境的高水位。这种修建堤岸方式类似于建造一个浅的潟湖。

（2）直接输水

对于由于缺少水供给而干涸的湿地，在初期采用直接输水来进行湿地修复效果明显。人们可以铺设专门给水管道，也可利用现有的河渠作为输水管道进行湿地直接输水。供给湿地的水源除了从其他流域调集外，还可以利用雨水进行水源补给。雨水补水难免会存在一定的局限性，特别是在干燥的气候条件下，但不得不承认雨水输水确实具有可行性，如可划定泥炭地的部分区域作为季节性的供水蓄水池（Water Supply Reservoir），充当湿地其他部分的储备水源。在地形条件允许的情况下，雨水输水可以通过引力作用进行排水（包括通过梯田式的阶梯形补水、排水管网或泵）。潟湖的水位通过泵排水来维持，效果一般不好，因为有资料表明它可能导致水中可溶物质增加。但若雨水是唯一可利用的补水源,相对季节性的低水位而言这种方式仍然是可行的。

(3)重建湿地系统的供水机制

湿地生态系统的供水机制改变而引起湿地的水量减少时,重建供水机制也是一种修复的方法,但是,由于大流域的水文过程影响着湿地,修复原始的供水机制需要对湿地和流域都加以控制,这种方法缺少普遍可行性。单一问题引起的供水减少更适合应用修复供水机制的方法(如取水点造成的水量减少),这种方法虽然简单但很昂贵,并且想保证湿地生态系统的完全修复仅通过修复原来的水供给机制不够全面。

表 8-1 中描述了湿地类型及其修复方式。

表 8-1 湿地类型及其修复方式

湿地类型	修复的表现指标	修复策略
低位沼泽	水文(水温、水周期) 营养物(氮、磷) 动物(珍稀及濒危动物) 植被(盖度、优势种) 生物量	减少营养物输入 修复高地下水位 草皮迁移 割草及清除灌丛 修复对富含钙、铁地下水的排泄
湖泊	富营养化 溶解氧 水质 沉积物毒性 鱼体化学品含量 外来物种	增加湖泊的深度和广度 减少点源、非点源污染 迁移营养沉积物 消除过多草类 生物调控
河流、河缘湿地	河水水质 混浊度 鱼类毒性 沉积物	疏浚河道 切断污染源 增加非点源污染净化带 防止侵蚀沉积
红树林湿地	溶解氧 潮汐波 生物量 碎屑 营养物循环	禁止矿物开采 严禁滥伐 控制不合理建设 减少废物堆积

8.5.1.2　控制湿地营养物

许多地区的淡水湿地中富含营养物质都是由于水漉的营养积累作用(特别是农业或者工业的排放)造成的。营养物质的含量受水质、水流源区以及湿地生态系统本身特征的影响。由于湿地生态系统面积较大,对一个具体的湿地面言,一般无法预测营养物质的阈值要达到多少才能对生态修复的过程起决定性作用。

水量减少的湿地,由于干旱,沉积在土壤里的很多营养物质会被矿化。矿化的营养物质会造成土壤板结,致使排水不畅。各类报道表明排水后的湿地土壤中氮的矿化作用会增加,磷的解吸附速率以及脱氮速率可因水位升高而加快。这种超量的营养物积累或者矿化可能对生态修复造成负面的影响,因此,湿地系统中的有机物含量需人为进行调整,通常情况下是降低湿地生态系统中的有机物含量。降低湿地生态系统中有机物含量的方法包括吸附吸收法、剥离表土法、脱氮法和收割法。

8.5.1.3　改善湿地酸化环境

湿地酸化是指湿地土壤表面及其附近环境 pH 降低的现象。湿地酸化程度取决于湿地系统的给排水状况、进入湿地的污染物种类与性质(金属阳离子和强酸性阴离子吸附平衡)以及湿地植物组成等。在某些地区,酸化是湿地在自然条件下自发的过程,与泥炭的积累程度密不可分,但不受水中矿物成分的影响。酸化现象较易出现在天然水塘中漂浮的植物周围和被洪水冲击的泥炭层表面。湿地土壤失水会导致 pH 下降。此外,有些情况下硫化物的氧化也会引起酸性(硫酸)土壤含量的增加。

8.5.1.4　控制湿地演替和木本植物入侵

一些湿地生境处于顶级状态(如由雨水产生的鱼塘)、次顶级状态(如一些沼泽地)或者演替进程缓慢(如一些盐碱地),它们具有长期的稳定性。多数湿地植被处于顶级状态,演替变化相当快,会产生大量较矮的草地,同时草本植物易被木本植物入侵,从而促成了湿地的消亡。因此,控制或阻止湿地演替和木本植物入侵成为许多欧洲地区湿地修复性管理的主要工作,相比之下,这种工作在其他地方却没有得到普遍重视。部分原因在于历史上人们普遍任湿地在生境自然发展,而缺乏对湿地的有效管理或管理方式不正确。

8.5.1.5　修复湿地乡土植被

湿地植被修复主要通过两种方式进行:一种方法是从湿地系统外引种,进行人工植被修复;另一种是利用湿地自身种源进行天然植被修复。

8.5.2　陆地湿地恢复的技术方法

8.5.2.1　湿地生境恢复技术

这一类技术指通过采取各类技术措施提高生境的异质性和稳定性,包括湿地基底恢复、湿地水状态恢复和湿地土壤恢复。①基底恢复。通过运用工程措施,维持基底的稳定,保障湿地面积,同时对湿地地形、地貌进行改造。具体技术包括湿地及上游水土流失控制技术和湿地基底改造技术等。②湿地水状态恢复。此部分包括湿地水文条件的恢复和湿地水质的改善。水文条件的恢复可以通过修建引水渠、筑坝等水利工程来实现。前者可增加来水,后者可减少湿地排水。通过这两个方面来对湿地进行补水保水措施。湿地最重要的一个因素便是水,水也往往是湿地生态系统最敏感的一个因素。对于缺少水供给而干涸的湿地,可以通过直接输水来进行初期的湿地修复。之后可以通过工程措施来对湿地水文过程进行科学调度。对湿地水质的改善,可以应用污水处理技术、水体富营养化控制技术等来进行。污水处理技术主要针对湿地上游来水过程,目的是减少污染物质的排入。而水体富营养化控制技术,往往针对湿地水体本身。这一技术又能分为物理、化学及生物等方法。③湿地土壤恢复。这部分包括土壤污染控制技术、土壤肥力恢复技术等。

8.5.2.2　湿地生物恢复技术

这一部分技术方法,主要包括物种选育和培植技术、物种引入技术、物种保护技术、种群动态调控技术、种群行为控制技术、群落结构优化配置与组建技术、群落演替控制与恢复技术等。对于湿地生物恢复而言,最佳的选择便是利用湿地自身种源进行天然植被恢复。这样可以避免因为引入外来物种而发生的生物入侵现象。天然种源恢复包括湿地种子库和孢子库、种子传播和植物繁殖体三类。湿地种子库指排水不良的土壤是一个丰富的种子库,与现存植被有很大的相似性。因为湿地植被形成的种子库的能力有很大不同,所以其重要性对于不同湿地类型也不尽相同。一般来说,丰水、枯水周期变化明显的湿地系统含有大量的一年生植物种子库。人们可以利用这些种子来进行恢复。但一些持续保持高水位的湿地中种子库就相对缺乏。对于不能形成种子库的湿地植物,其恢复关键取决于这类植物的外来种子在湿地内的传播,这便是种子传播。植物繁殖体指湿地植物的某一部分有时也可以传播,然后生长,如一些苔藓植物等,可以通过风力传播,重新生长。通过外来引种进行植物恢复,有播种、移植、看护植物等方式。

8.5.2.3　湿地生态系统结构与功能恢复技术

主要包括生态系统总体设计技术、生态系统构建与集成技术等。这一部分是湿地生态恢复研究中的重点及难点。对不同类型的退化湿地生态系统,要采用不同的恢复技术。

8.5.3　滨海湿地生态修复方法

选择在典型海洋生态系统集中分布区、外来物种入侵区、重金属污染严重区、气候变化影响敏感区等区域开展一批典型海洋生态修复工程,建立海洋生态建设示范区,因地制宜采取适当的人工措施,结合生态系统的自我恢复能力,在较短的时间内实现生态系统服务功能的初步恢复。制定海洋生态修复的总体规划、技术标准和评价体系,合理设计修复过程中的人为引导,规范各类生态系统修复活动的选址原则、自然条件评估方法、修复涉及相关技术及其适合性、对修复活动的监测与绩效评估技术等。开展以下一系列生态修复措施:对滨海湿地实行退养还滩,恢复植被,改善水文,底播增殖大型海藻,保护养护海草床和恢复人工种植,实施海岸防护屏障建设,逐步构建我国海岸防护的立体屏障,恢复近岸海域对污染物的消减能力和生物多样性的维护能力,建设各类海洋生态屏障和生态廊道,提高防御海洋灾害以及应对气候变化的能力,增加蓝色碳汇区。通过滨海湿地种植芦苇等盐沼植被和在近岸水体中以大型海藻种植吸附治理重金属污染。通过航道疏浚物堆积建立人工滨海湿地或人工岛,将疏浚泥转化为再生资源。

8.5.3.1　微生物修复

有机污染物质的降解转化实际上是由微生物细胞内一系列活性酶催化进行的氧化、还原、水解和异构化等过程。目前,滨海湿地主要受到石油烃为主的有机污染。在自然条件下,滨海湿地污染物可以在微生物的参与下自然降解。湿地中虽然存在着大量可以分解污染物的微生物,但由于这些微生物密度较低,降解速度极为缓慢。特别是由于有些污染物质缺乏自然湿地微生物代谢所必需的营养元素,微生物的生长代谢受到影响,从而也影响到污染物质的降解速度。

湿地微生物修复成功与否主要与降解微生物群落在环境中的数量及生长繁殖速率有关,因此当污染湿地环境中降解菌很少或不存在时,引入数量合适的降解菌株是非常必要的,这样可以大大缩短污染物的降解时间。而微生物修复中引入具有降解能力的菌种成功与否与菌株在环境中的适应性及竞争力有关。环境中污染物的微生物修复过程完成后,这些菌株大都会由于缺乏足够的营养和能量来源最终在环境中消亡,但少数情况下接种的菌株可能会长期存在于环境中。因此,在引入用于微生物修复的菌种之前,应事先做好风险评价研究。

8.5.3.2 大型藻类移植修复

大型藻类不但有效降低氮、磷等营养物质的浓度,而且通过光合作用,提高海域初级生产力。同时,大型海藻的存在为众多的海洋生物提供了生活的附着基质、食物和生活空间对赤潮生物还有抑制作用。因此,大型海藻对于海域生态环境的稳定具有重要作用。

许多海区本来有大型海藻生存,但由于生境丧失(如由于污染和富营养化导致的透明度降低使海底生活的大型藻类得不到足够的光线而消失以及海底物理结构的改变等)、过度开发等原因而从环境中消失,结果使这些海域的生态环境更加恶化。由于大型藻类具有诸多生态功能,特别是大型藻类易于栽培后从环境中移植,因此在海洋环境退化海区,特别是富营养化海水养殖区移植栽培大型海藻,是一种对退化的海洋环境进行原位修复的有效手段。目前,世界许多国家和地区都开展了大型藻类移植来修复退化的海洋生态环境。用于移植的大型藻类有海带、江蓠、紫菜、巨藻、石莼等。大型藻类移植具有显著的环境效益、生态效益和经济效益。

在进行退化海域大型藻类生物修复过程中,首选的是土著大型藻类。有些海域本来就有大型藻类分布,由于种种原因导致大量减少或消失。在这些海域应该在进行生境修复的基础上,扶持幸存的大型藻类,使其尽快恢复正常的分布和生活状态,促进环境的修复。对于已经消失的土著大型藻类,宜从就近海域规模引入同种大型藻类,有利于尽快在退化海域重建大型藻类生态环境。在原先没有大型藻类分布的海域,也可能原先该海域本底就不适合某些大型藻类生存,因此应在充分调查了解该海域生态环境状况和生态评估的基础上,引入一些适合于该海域水质和底质特点的大型藻类,使其迅速增殖,形成海藻场,促进退化海洋生态环境的恢复。也可以在这些海区,通过控制污染,改良水质、建造人工藻礁,创造适合于大型藻类生存的环境,然后移植合适的大型藻类。

在进行大型藻类移植过程中,大型海藻可以以人工方式采集其孢子令其附着于基质上,将这种附着有大型藻类孢子的基质投放于海底让其萌发、生长,或人为移栽野生海藻种苗,促使各种大型海藻在退化海域大量繁殖生长,形成密集的海藻群落,形成大型的海藻场。

8.5.3.3   底栖动物移植修复

由于底栖动物中有许多种类是靠从水层中沉降下来的有机碳屑为食物,有些以水中的有机碎屑和浮游生物为食,同时许多底栖生物还是其他大型动物的饵料。在许多湿地、浅海以及河口区分布的贻贝床、牡蛎礁具有的重要生态功能。因此底栖动物在净化水体、提供栖息生境、保护生物多样性和耦合生态系统能量流动等方面均具有重要的功能,对控制滨海水体的富营养化具有重要作用,对于海洋生态系统的稳定具有重要意义。

在许多海域的海底天然分布着众多的底栖动物,例如,江苏省海门蛎蚜山牡蛎礁、小清河牡蛎礁、渤海湾牡蛎礁等。但是自20世纪以来,由于过度采捕、环境污染、病害和生境破坏等原因,在沿海海域,特别是河口、海湾和许多沿岸海区,许多底栖动物的种群数量持续下降,甚至消失,许多曾拥有极高海洋生物多样性的富饶海岸带,已成为无生命的荒滩、死海,海洋生态系统的结构与功能受到破坏,海洋环境退化越来越严重。

为了修复沿岸浅海生态系统、净化水质和促进渔业可持续发展,近二三十年来世界各地都开展了一系列牡蛎礁、贻贝床和其他底栖动物的恢复活动。在进行底栖动物移植修复过程中,在控制污染和生境修复的基础上,通过引入合适的底栖动物种类,使其在修复区域建立稳定种群,形成规模资源,达到以生物来调控水质、改善沉积物质量,以期在退化潮间带、潮下带重建植被和底栖动物群落,使受损生境得到修复、自净,进而恢复该区域生物多样性和生物资源的生产力,促使退化海洋环境的生物结构完善和生态平衡。

为达到上述目的,采用的方法可以是土著底栖动物种类的增殖和非土著种类移植等。适用的底栖动物种类包括:贝类中的牡蛎、贻贝、毛蚶、青蛤、杂色蛤,多毛类的沙蚕,甲壳类的蟹类等。例如,美国在东海岸及墨西哥湾建立了大量的人工牡蛎礁,研究结果证实:构建的人工牡蛎礁经过两三年时间,就能恢复自然生境的生态功能。

8.6 地下水的生态修复

图 8-3 中详细描绘了水力关系。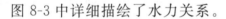

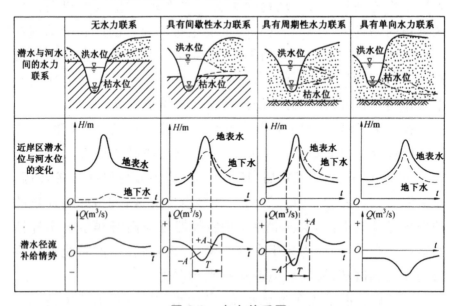

图 8-3 水力关系图

随着科学技术的进步各项地下水修复技术也发展起来,有传统修复技术、气体抽提技术、原位化学反应技术、生物修复技术、植物修复技术、空气吹脱技术、水力和气压裂缝方法、污染带阻截墙技术、稳定和固化技术以及电动力学修复技术等。

8.6.1　传统修复技术

采用传统修复技术处理受到污染的地下水层时,用水泵将地下水抽取出来,在地面进行处理、净化。这样,一方面取出来的地下水可以在地面得到合适的处理、净化,然后再重新注入地下水或者排放进入地表水体,从而减少了地下水和土壤的污染程度;另一方面可以防止受污染的地下水向周围迁移,减少污染扩散。

8.6.2　原位化学反应技术

微生物生长繁殖过程存在必需营养物,通过深井向地下水层中添加微生物生长过程必需的营养物和具有高氧化还原电位的化合物,改变地下水体的营养状况和氧化还原状态,依靠土著微生物的作用促进地下水中污染物分解和氧化,其过程如图 8-4 所示。

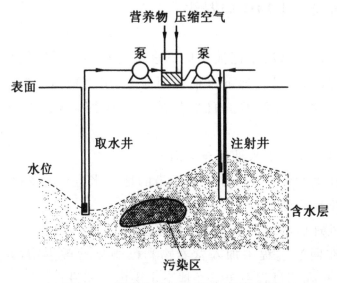

图 8-4　原位化学反应技术处理过程

8.6.3　生物修复技术

原位自然生物修复,是利用土壤和地下水原有的微生物,在自然条件下对污染区域进行自然修复。但是,自然生物修复也并不是不采取任何行动措施,同样需要制订详细的计划方案,鉴定现场活性微生物,监测污染物降解速率和污染带的迁移等。原位工程生物修复指采取工程措施,有目的地操作土壤和地下水中的生物过程,加快环境修复。在原位工程生物修复技术中,一种途径是提供微生物生长所需要的营养,改善微生物生长的环境条件,从而大幅度提高野生微生物的数量和活性,提高其降解污染物的能力,这种途径称为生物强化修复;另一种途径是投加实验室培养的对污染物具有特殊亲和性的微生物,使其能够降解土壤和地下水中的污染物,称为生物接种修复。地面生物处理是将受污染的土壤挖掘出来,在地面建造的处理设施内进行生物处理,主要有泥浆生物反应器和地面堆肥等。

8.6.4　生物反应器法

生物反应器法是把抽提地下水系统和回注系统结合并加以改进的方法,就是将地下水抽提到地上,用生物反应器加以处理的过程。这种处理方法自然形成一个闭路环,包括以下 4 个步骤。

①将污染地下水抽提至地面。

②在地面生物反应器内对污染的地下水进行好氧降解,并不断向生物反应器内补充营养物和氧气。

③处理后的地下水通过渗灌系统回灌到土壤内。

④在回灌过程中加入营养物和已驯化的微生物,并注入氧气,使生物降解过程在土壤及地下水层内加速进行。

整个处理过程如图 8-5 所示。

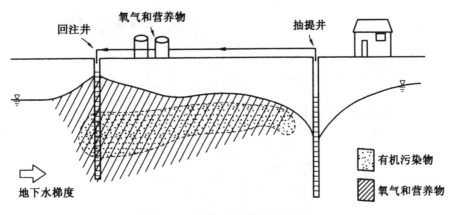

图 8-5　生物反应器处理过程

8.6.5　生物注射法

①生物注射法是对传统气提技术加以改进而形成的新技术。

②生物注射法主要是在污染地下水的下部加压注入空气,气流能加速地下水和土壤中有机物的挥发和降解。

③生物注射法主要是通气、抽提联用,并通过增加及延长停留时间促进生物代谢进行降解,提高修复效率。

生物注射法存在着一定的局限性,该方法只能用于土壤气提技术可行的场所,效果受岩相学和土层学的制约,如果用于处理黏土方面,效果也不是很理想。

图 8-6 展示了微泡处理系统。

8.6.6　有机黏土法

有机黏土法是指利用人工合成的有机黏土有效去除有毒化合物,如图 8-7 所示。

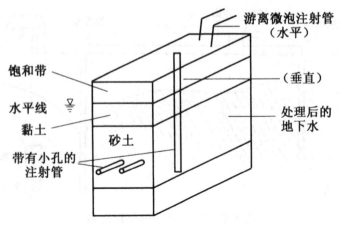

图 8-6　微泡处理系统示意图

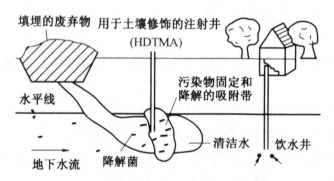

图 8-7　有机黏土法修复系统示意图

参考文献

[1]刘冬梅,高大文.生态修复理论与技术[M].哈尔滨:哈尔滨工业大学出版社,2017.

[2]白润英.水处理新技术、新工艺与设备[M].2版.北京:化学工业出版社,2017.

[3]邹林.水土保持与水生态保护实务[M].北京:中国水利水电出版社,2017.

[4]刘建伟.污水生物处理新技术[M].北京:中国建材工业出版社,2016.

[5]戴有芝,肖利平,唐受印.废水处理工程[M].3版.北京:化学工业出版社,2016.

[6]肖羽堂.城市污水处理技术[M].北京:中国建材工业出版社,2015.

[7]张仁志.水污染治理技术[M].武汉:武汉理工大学出版社,2015.

[8]高红武.水污染治理技术[M].2版.北京:中国环境出版社,2015.

[9]杜馨.污水处理与运行[M].北京:中国建筑工业出版社,2015.

[10]潘琼,曾桂华.城市污水处理系统运营[M].北京:化学工业出版社,2013.

[11]朱永华,任立良.水生态保护与修复[M].北京:中国水利水电出版社,2012.

[12]王良均,吴孟周.污水处理技术与工程实例[M].北京:中国石化出版社,2006.

[13]门宝辉,金菊良.水资源规划及利用[M].北京:中国电力出版社,2017.

[14]石岩,樊华.水资源优化配置理论及应用案例[M].北京:水利水电出版社,2016.

[15]左其亭,王树谦,马龙.水资源利用与管理[M].2版.郑州:黄河水利出版社,2016.

[16]崔迎.水污染控制技术[M].北京:化学工业出版社,2015.

[17]张爱军.水资源开发与利用初探[M].徐州:中国矿业大学出版社,2015.

[18]李广贺.水资源利用与保护[M].北京:中国建筑工业出版社,2016.

[19]侯晓红,张聪路.水资源利用与水环境保护工程[M].北京:中国建材工业出版社,2015.

[20]曹明德.环境与资源保护法[M].3版.北京:中国人民大学出版社,2016.

[21]周珂.环境与资源保护法[M].2版.北京:中国人民大学出版社,2015.

[22]邱林,王文川.水资源优化配置与调度[M].北京:水利水电出版社,2015.

[23]徐得潜.水资源利用与保护[M].北京:化学工业出版社,2013.

[24]任树梅,杨培玲.水资源保护[M].2版.北京:中国水利水电出版社,2012.

[25]田禹,王树涛.水污染控制工程[M].北京:化学工业出版社,2011.

[26]王金辉.化学工艺在废水处理中的应用[J].化工设计通讯,2018(11):212-213.

[27]姚明,张宏波,张红言,等.含油污水处理工艺及关键技术[J].当代化工研究,2018(11):24-25.

[28]刘宇涵,吴昊,张雪娇.造纸废水处理工程实例及分析[J].当代化工研究,2018(11):29-32.

[29]肖琳茜.生物法处理生活污水[J].当代化工研究,2018(11):36-37.

[30]王福家.现代城市水污染处理的一般途径分析[J].资源节约与环保,2018(11):62.

[31]周明艳.氧化塘技术在石化污水深度处理中的应用[J].山东化工,2018(22):197-199.

[32]温耀华.浅析人工湿地污水处理技术和应用现状[J].低碳世界,2018(11):19-20.

[33]黎华恒.曝气生物滤池在污水处理中的应用及研究进展[J].环境与发展,2018,30(10):35-38.

[34]朱铖,程洁红,赵际沣,等.城镇污水处理厂氮磷去除潜力评估[J].净水技术,2018(11):75-82.

[35]韩雅红,邱珊,马放,等.强化脱氮技术在污水处理中的研究进展[J].水处理技术,2018,44(10):6-10.

[36]娄宏伟,邱兵,陈元彩,等.缺氧-好氧曝气生物滤池工艺深度处理尾水[J].环境科学与技术,2018,41(10):75-81.

[37]高奇英,沈文钢,刘晓波.高水力负荷下人工湿地处理污水厂尾水的研究[J].环境科学导刊,2018(06):66-71.

[38]曹雪松.浅析北方城市河道水生态修复治理[J].绿色环保建材,2018(11):233-234.

[39]邓正苗,谢永宏,陈心胜,等.洞庭湖流域湿地生态修复技术与模式[J].农业现代化研究,2018,39(06):994-1008.